# 安徽省农作物种质资源

·粮 食 作 物 卷 · 壹

主 编 荣松柏

时代出版传媒股份有限公司
安徽科学技术出版社

**图书在版编目(CIP)数据**

安徽省农作物种质资源.粮食作物卷.壹 / 荣松柏主编. --合肥:安徽科学技术出版社,2025.3
ISBN 978-7-5337-9162-9

Ⅰ.S329.254

中国国家版本馆 CIP 数据核字第 2024T7G962 号

安徽省农作物种质资源·粮食作物卷·壹      主编 荣松柏

出 版 人:王筱文    选题策划:李志成    责任编辑:陶 锐 李志成
责任校对:李 春    责任印制:梁东兵    装帧设计:冯 劲
出版发行 安徽科学技术出版社      http://www.ahstp.net
(合肥市政务文化新区翡翠路 1118 号出版传媒广场,邮编:230071)
电话:(0551)63533330
印 制:安徽联众印刷有限公司    电话:(0551)65661327
(如发现印装质量问题,影响阅读,请与印刷厂商联系调换)

开本:889×1194 1/16      印张:28.75      字数:350 千
版次:2025 年 3 月第 1 版      印次:2025 年 3 月第 1 次印刷

ISBN 978-7-5337-9162-9          定价:378.00 元

# 安徽省第三次全国农作物种质资源普查与收集行动承担单位

（排名不分先后）

| | | |
|---|---|---|
| 安徽省农业农村厅 | 东至县农业农村局 | 蒙城县农业农村局， |
| 安徽省农业科学院 | 石台县农业农村局 | 利辛县农业农村局， |
| 固镇县农业农村局 | 青阳县农业农村局 | 谯城区农业农村局 |
| 五河县农业农村局 | 南谯区农业农村局 | 宣州区农业农村局 |
| 怀远县农业农村局 | 天长市农业农村局 | 郎溪县农业农村局 |
| 南陵县农业农村局 | 来安县农业农村局 | 广德市农业农村局 |
| 湾沚区农业农村局 | 全椒县农业农村局 | 宁国市农业农村局 |
| 无为市农业农村局 | 定远县农业农村局 | 泾县农业农村局 |
| 繁昌区农业农村局 | 明光市农业农村局 | 绩溪县农业农村局 |
| 三山经开区农村发展局 | 凤阳县农业农村局 | 旌德县农业农村局 |
| 霍邱县农业农村局 | 潘集区农业农村局 | 萧县农业农村局 |
| 金寨县农业农村局 | 八公山区农业农村水利局 | 萧县农业科学研究所 |
| 霍山县农业农村局 | 寿县农业农村局 | 灵璧县农业农村局 |
| 舒城县农业农村局 | 凤台县农业农村局 | 砀山县农业农村局 |
| 金安区农业农村局 | 黄山区农业农村局 | 砀山县农业科学研究所 |
| 铜陵市郊区农业农村局 | 徽州区农业农村局 | 泗县农业农村局 |
| 铜陵市义安区农业农村局 | 黟县农业农村水利局 | 泗县农业科学研究所 |
| 枞阳县农业农村局 | 休宁县农业农村局 | 埇桥区农业农村局 |
| 铜官区农业农村水利局 | 歙县农业农村局 | 肥西县农业农村局 |
| 颍上县农业农村局 | 祁门县农业农村局 | 肥东县农业农村局 |
| 阜南县农业农村局 | 怀宁县农业农村局 | 庐江县农业农村局 |
| 临泉县农业农村局 | 桐城市农业农村局 | 巢湖市农业农村局 |
| 太和县农业农村局 | 潜山市农业农村局 | 长丰县农业农村局 |
| 界首市农业农村局 | 太湖县农业农村局 | 和县农业农村局 |
| 濉溪县农业农村局 | 望江县农业农村局 | 当涂县农业农村局 |
| 烈山区农业农村水利局 | 岳西县农业农村局 | 博望区农业农村水利局 |
| 杜集区农业农村水利局 | 宿松县农业农村局 | 含山县农业农村局 |
| 贵池区农业农村局 | 涡阳县农业农村局， | |

# 安徽省第三次全国农作物种质资源普查与收集行动
## 部分主要参与人员

（排名不分先后）

| | | | | | | | | |
|---|---|---|---|---|---|---|---|---|
| 苏　莉 | 桂法银 | 范厚亚 | 郑本一 | 张诗晗 | 李庭奇 | 苑文才 | 朱有龙 | 张　俊 |
| 曹玉洪 | 刘　怡 | 余　丽 | 夏雪琴 | 葛小平 | 王　玲 | 张天林 | 陈艳梅 | 刘春松 |
| 王　勇 | 徐建新 | 毛文婷 | 李景军 | 董昌升 | 熊克巍 | 李紫兰 | 许四五 | 许兴旺 |
| 葛严鑫 | 王天柱 | 宋　伟 | 李　琦 | 陈凤山 | 魏振标 | 张　虎 | 李　楠 | 梅　宝 |
| 姜　山 | 兰　金 | 刘　炜 | 田茂尚 | 权蒙蒙 | 刘　娜 | 黄　尧 | 刘亚东 | 梁　杨 |
| 王家瑞 | 李　芳 | 王升红 | 肖志红 | 王　甜 | 郑　忠 | 徐礼森 | 朱再生 | 严向东 |
| 王浩东 | 周　锐 | 汪向东 | 张长海 | 黄剑平 | 应世干 | 杨金龙 | 王　珺 | 胡秀松 |
| 常桂宝 | 张　丽 | 李舒瑶 | 晁元上 | 陈俊生 | 李立志 | 吕俊义 | 姜　威 | 朱静宜 |
| 张明慧 | 高春慧 | 邓军海 | 张月林 | 王守明 | 毕劲松 | 怀文辉 | 谢　亚 | 陈金莉 |
| 张宏斌 | 张　玲 | 唐立芳 | 杨　勇 | 程才军 | 黄　伟 | 牛　涛 | 邵　峰 | 杨超华 |
| 王道斌 | 任功平 | 邵六海 | 耿基玉 | 刘　辉 | 徐学珍 | 王　旭 | 闪顺章 | 於　杰 |
| 李家起 | 王兴银 | 周　琴 | 王元祥 | 刘双喜 | 张　俊 | 陆建生 | 陶益宝 | 崔德勋 |
| 何　毅 | 金　钟 | 程　帆 | 赵吉胜 | 周维军 | 杨文胜 | 张　丽 | 卓　越 | 殷修刚 |
| 孙晓伟 | 黄卫华 | 孔凤琴 | 赵玉萍 | 刘荣魁 | 褚敬青 | 邹顺利 | 王振江 | 李千和 |
| 李　永 | 叶宏生 | 王　伟 | 王永刚 | 杜长青 | 项琪敏 | 李　竹 | 江小伟 | 庄世荣 |
| 江佑民 | 戴丽玲 | 方永新 | 黄　洁 | 严康泉 | 汪少波 | 杨　阳 | 田　霞 | 刘卫民 |
| 汪志祥 | 马贤炳 | 李国宏 | 严　江 | 郑智慧 | 赵晓东 | 毕玉昌 | 陈　军 | 刘　强 |
| 吴　鹏 | 沈田国 | 刘归定 | 方忠坤 | 吴险峰 | 刘本芳 | 谢梦雅 | 余倩倩 | 万有保 |
| 张英姿 | 尤洁莉 | 陈恩全 | 武美兰 | 叶北朝 | 章　辉 | 鲍锡来 | 陈国清 | 李东红 |
| 高宜兴 | 张广才 | 丁树忠 | 伯　智 | 莫从古 | 马　琨 | 米晓梅 | 李健峰 | 秦小峰 |
| 吴保同 | 查全英 | 周洪琴 | 施　佳 | 刘祥刚 | 徐　斌 | 阮志取 | 周　斌 | 荣松柏 |
| 王明霞 | 赵西拥 | 张效忠 | 宁志怨 | 阮　旭 | 胡国玉 | 甘斌杰 | 严从生 | 刘才宇 |
| 杨　勇 | 杨华应 | 陈晓东 | 夏家平 | 丁开霞 | 齐永杰 | 李瑞雪 | 刘　泽 | 程文龙 |
| 孙　皓 | | | | | | | | |

# 序

　　种质资源是种业的"芯片"，是国家重要的战略性资源，也是衡量综合国力的重要指标。保护好、利用好种质资源是全面打赢种业翻身仗的关键。种质资源保护工作关系到国家粮食安全和种业安全，意义重大。

　　近年来，随着新型工业化、新型城镇化进程的加快，以及农业种植结构调整和气候环境变化等因素，野生近缘植物资源生存繁衍的栖息地环境受到影响，地方品种大量消失，生物多样性遭到破坏。在此背景下，农业农村部牵头组织开展了第三次全国农作物种质资源普查与收集行动。

　　安徽地处暖温带与亚热带过渡地带，地形地貌呈现多样性，农业种质资源丰富。通过第三次全国农作物种质资源普查与收集行动，安徽抢救性收集了一批古老地方种、种植年代久远的育成品种、重要作物的野生近缘植物及其他珍稀、濒危的野生植物资源，取得了显著成效。

　　本书是在对收集资源进行科学分类，开展大量田间表型鉴定的基础上编撰而成的资源科普类图书。书中内容涵盖的作物类型丰富，资源特征特性描述翔实，图片生动清晰，全面展示了所收集资源的基本特征，可为农业科研、推广、生产等相关领域提供较为全面的资源信息，为"新、特、优、稀"种质资源的开发利用提供参考，是全面认识和了解安徽农作物种质资源的科普书籍。

中国工程院院士

2025 年 2 月

# 前 言

　　作物种质资源是保障国家粮食安全与重要农产品供给、建设生态文明、维护生物多样性的战略性资源，是农业科技原始创新、作物育种及生物技术产业的物质基础。作物种质资源保护与利用是农业持续发展的前提。

　　安徽省地处我国中东部地区，四季分明，境内长江、淮河横贯东西，南部、西部山峦绵延，形成了天然的淮北平原、皖西大别山区、江淮丘陵、长江下游平原和皖南山区五大自然生态区，物种多样，种类繁多，资源丰富。2019-2023年，在农业农村部统一部署下，由安徽省农业农村厅和安徽省农业科学院牵头，各级地市县区参与下全面完成了安徽省第三次全国农作物种质资源普查与收集行动，涉及78个普查县（市、区）和22个系统调查县（市、区），收集并移交国家资源库圃资源共5480份。

　　《安徽省农作物种质资源》是基于安徽省第三次全国农作物种质资源普查与收集行动，参照国家《农作物种质资源技术规范》，开展资源田间鉴定评价，采集大量资源农艺性状数据，拍摄丰富资源特征图片的基础上，对收集资源进行汇总编写而成，是一部既有收藏又有实用价值的大型科普书籍。

　　《安徽省农作物种质资源》根据作物类别全书分为粮食作物卷、蔬菜作物卷、经济作物及果树牧草卷共三卷，其中粮食作物卷四册，蔬菜作物卷四册，经济作物及果树牧草卷二册。本书的主要内容是根据资源鉴定所采集的数据图片，结合资源普查调查信息，以图文并茂的形式对每一份资源的来源地、分类、资源主要特征特性等进行详细描述，达到便于查询，使读者可更加直接地了解资源所具有的各项特性和高效利用的目的。

本书所汇总的农作物种质资源主要为安徽省第三次全国农作物种质资源普查与收集行动成果，已保存于国家库圃和尚未采集的资源不在本次编写范围内。鉴于本次资源采集规则，部分资源特征性状存在极为相似现象，编写中进行了筛选；同时，受客观条件限制，对于果树等多年生资源未开展鉴定，本书仅以表格形式对此类资源的采集编号、种质名称、采集地点等信息进行描述。

本书由安徽省农业科学院组织编写。撰写过程中，中国农业科学院高爱农研究员、辛霞研究员给予了宝贵意见，安徽省农业科学院作物研究所、水稻研究所、园艺研究所、蔬菜研究所、经济作物研究所等相关研究所及同事提供了试验条件和技术帮助，在此表示衷心感谢。尤其感谢第三次全国农作物种质资源普查与收集行动专项、安徽省种业发展农业种质资源保护利用专项为本书的出版提供了资助。

鉴于编者水平有限，不足之处在所难免，敬请读者批评指正。

编者

2024 年 12 月

# 目　录

●

## 扁豆

## 豇豆

# 目　录

●

# 目　录

# 目　录

●

## 野大豆

## 小豆

扁

豆

# 石 牌 月 亮 菜

【作物名称】扁豆 *Lablab purpureus* (Linn.) Sweet
【作物类别】粮食作物
【分　　类】豆科扁豆属
【采集地点】安庆市怀宁县
【采集编号】P340822045

## 【特征特性】

植株蔓生，无限结荚习性，生长势强。茎绿色，叶浓绿色，叶脉白色，叶片大小中等。花序绿色，花序长 17~22 cm，花白色。鲜豆荚猪耳朵形，嫩荚青白色，荚长 6~8 cm，荚宽 2~3 cm，荚厚 0.8~1.0 cm，单荚籽粒数 3~4 粒，成熟后籽粒呈圆形，种皮红棕色，脐白色、光滑度中等，百粒重 37.0 g。单株荚数 180~220 个，单荚鲜重 8~11 g，单株鲜荚产量 1.7~1.9 kg。抗性强，产量高，肉质厚，口感好。

# 潜 山 月 亮 菜

【作物名称】扁豆 *Lablab purpureus* (Linn.) Sweet
【作物类别】粮食作物
【分　　类】豆科扁豆属
【采集地点】安庆市潜山市
【采集编号】P340824027

## 【特征特性】

　　植株蔓生，无限结荚习性，生长势强。茎绿色，叶浓绿色，叶脉白色，叶片大小中等。花序浅绿色，花序长 13~18 cm，花白色。鲜豆荚猪耳朵形，嫩荚青白色，荚长 6~9 cm，荚宽 3~4 cm，荚厚 0.7~0.9 cm，单荚籽粒数 4~6 粒，成熟后籽粒呈长扁椭圆形，种皮棕褐色，脐白色、光滑，百粒重 54.6 g。单株荚数 50~100 个，单荚鲜重 5~7 g，单株鲜荚产量 0.3~0.6 kg。抗性强，肉质厚，口感好。

# 王畈红扁豆

【作物名称】扁豆 *Lablab purpureus* (Linn.) Sweet
【作物类别】粮食作物
【分　　类】豆科扁豆属
【采集地点】安庆市太湖县
【采集编号】2021349032

## 【特征特性】

　　植株蔓生，无限结荚习性，生长势强。茎紫红色，叶浓绿色，叶脉白色，叶片大小中等偏大。花序紫红色，花序长 14~19 cm，花紫色。鲜豆荚镰刀形，嫩荚青白带沙紫色，缝线暗紫色，荚长 9~11 cm，荚宽 2~3 cm，荚厚 0.8~1.0 cm，单荚籽粒数 4~5 粒，成熟后籽粒呈椭圆形，种皮黑色，脐白色、光滑，百粒重 44.7 g。单株荚数 180~220 个，单荚鲜重 7~10 g，单株鲜荚产量 1.6~1.8 kg。抗性强，产量高，肉质厚，口感好。

# 将军青扁豆

【作物名称】扁豆 *Lablab purpureus* (Linn.) Sweet
【作物类别】粮食作物
【分　　类】豆科扁豆属
【采集地点】安庆市太湖县
【采集编号】2021349068

## 【特征特性】

　　植株蔓生，无限结荚习性，生长势强。茎浅绿色，叶绿色，叶脉绿色，叶片大小中等。花序浅绿色，花序长 20~25 cm，花白色。鲜豆荚镰刀形，嫩荚青白色，荚长 8~11 cm，荚宽 2~3 cm，荚厚 0.8~1.0 cm，单荚籽粒数 3~5 粒，成熟后籽粒呈圆形，种皮浅黄色，脐白色、光滑，百粒重 24.9 g。单株荚数 180~220 个，单荚鲜重 7~10 g，单株鲜荚产量 1.4~1.7 kg。抗性强，产量高，肉质厚，口感好。

# 望 江 红

【作物名称】扁豆 *Lablab purpureus* (Linn.) Sweet
【作物类别】粮食作物
【分　　类】豆科扁豆属
【采集地点】安庆市望江县
【采集编号】P340827031

## 【特征特性】

　　植株蔓生，无限结荚习性，生长势强。茎绿色，叶绿色，叶脉白色，叶片大小中等。花序绿色，花序长 18~23 cm，花紫红色。鲜豆荚镰刀形，嫩豆荚青色，荚长 7~9 cm，荚宽 2~3 cm，荚厚 0.8~1.0 cm，单荚籽粒数 4~6 粒，成熟后籽粒呈椭圆形，种皮棕黑色，脐白色、光滑，百粒重 37.9 g。单株荚数 100~150 个，单荚鲜重 6~9 g，单株鲜荚产量 0.8~1.1 kg。抗性强，肉质厚，口感好。

# 望 江 白

【作物名称】扁豆 *Lablab purpureus* (Linn.) Sweet
【作物类别】粮食作物
【分　　类】豆科扁豆属
【采集地点】安庆市望江县
【采集编号】P340827040

## 【特征特性】

　　植株蔓生，无限结荚习性，生长势强。茎绿色，叶浓绿色，叶脉白色，叶片大小中等。花序浅绿色，花序长 12~17 cm，花白色。鲜豆荚镰刀形，嫩荚青白色，缝线绿色，荚长 7~9 cm，荚宽 2~3 cm，荚厚 0.7~0.9 cm，单荚籽粒数 4~6 粒，成熟后籽粒呈长扁椭圆形，种皮黑色，脐白色、光滑，百粒重 37.7 g。单株荚数 180~220 个，单荚鲜重 7~10 g，单株鲜荚产量 1.5~1.7 kg。抗性强，产量高，肉质厚，口感好。

# 金杨月亮菜

【作物名称】扁豆 *Lablab purpureus* (Linn.) Sweet
【作物类别】粮食作物
【分　　类】豆科扁豆属
【采集地点】安庆市岳西县
【采集编号】2020342153

## 【特征特性】

　　植株蔓生，无限结荚习性，生长势强。茎绿色，叶绿色，叶脉绿色，叶片大小中等偏大。花序浅绿色，花序长 13~18 cm，花白色。鲜豆荚猪耳朵形，嫩荚白色，缝线青绿色，荚长 5~7 cm，荚宽 2~3 cm，荚厚 0.7~0.9 cm，单荚籽粒数 2~3 粒，成熟后籽粒呈圆形，种皮红棕色，脐白色、光滑，百粒重 38.5 g。单株荚数 150~180 个，单荚鲜重 6~8 g，单株鲜荚产量 0.9~1.1 kg。抗性强，肉质厚，口感好。

# 岳 西 宽 扁 豆

【作物名称】扁豆 *Lablab purpureus* (Linn.) Sweet

【作物类别】粮食作物

【分　　类】豆科扁豆属

【采集地点】安庆市岳西县

【采集编号】P340828031

## 【特征特性】

　　植株蔓生，无限结荚习性，生长势强。茎绿色，叶浓绿色，叶脉白色，叶片大小中等。花序浅绿色，花序长 13~18 cm，花白色。鲜豆荚猪耳朵形，嫩荚白色，缝线青绿色，荚长 8~10 cm，荚宽 3~4 cm，荚厚 0.7~0.9 cm，单荚籽粒数 4~6 粒，成熟后籽粒椭圆形，种皮褐色，脐白色、光滑，百粒重 46.2 g。单株荚数 100~150 个，单荚鲜重 6~9 g，单株鲜荚产量 0.7~1.1 kg。抗性强，肉质厚，口感好。

# 岳 西 紫 扁 豆

【作物名称】扁豆 *Lablab purpureus* (Linn.) Sweet
【作物类别】粮食作物
【分　　类】豆科扁豆属
【采集地点】安庆市岳西县
【采集编号】P340828054

## 【特征特性】

　　植株蔓生，无限结荚习性，生长势强。茎紫色，叶浓绿色，叶脉紫色，叶片大小中等。花序紫红色，花序长 20~25 cm，花紫色。鲜豆荚镰刀形，嫩荚紫色，荚长 7~9 cm，荚宽 2~3 cm，荚厚 0.7~0.9 cm，单荚籽粒数 4~6 粒，成熟后籽粒呈椭圆形、部分圆形，种皮红棕色，脐白色、光滑，百粒重 42.0 g。单株荚数 100~150 个，单荚鲜重 7~10 g，单株鲜荚产量 0.8~1.2 kg。抗性强，肉质厚，口感好。

# 怀远茶豆

【作物名称】扁豆 *Lablab purpureus* (Linn.) Sweet

【作物类别】粮食作物

【分　　类】豆科扁豆属

【采集地点】蚌埠市怀远县

【采集编号】P340321078

【特征特性】

　　植株蔓生，无限结荚习性，生长势强。茎浅绿色，叶绿色，叶脉白色，叶片大小中等偏大。花序浅绿色，花序长 14~19 cm，花白色。鲜豆荚猪耳朵形，嫩荚青白色，缝线绿色，荚长 8~11 cm，荚宽 3~4 cm，荚厚 0.7~0.9 cm，单荚籽粒数 3~5 粒，成熟后籽粒呈长扁椭圆形，种皮红褐色，脐白色、光滑，百粒重 45.1 g。单株荚数 180~220 个，单荚鲜重 7~10 g，单株鲜荚产量 1.6~1.8 kg。产量高，口感较好。

# 五 河 白 茶 豆

【作物名称】扁豆 *Lablab purpureus* (Linn.) Sweet

【作物类别】粮食作物

【分　　类】豆科扁豆属

【采集地点】蚌埠市五河县

【采集编号】P340322172

## 【特征特性】

　　植株蔓生，无限结荚习性，全生育期 202 天左右，生长势强。茎红色，叶浓绿色，叶脉绿色，叶片大小中等偏大。花序红色，花序长 19~24 cm，花粉红色。鲜豆荚镰刀形，嫩荚沙红色，缝线红色，荚长 9~11 cm，荚宽 2~3 cm，荚厚 0.7~0.9 cm，单荚籽粒数 4~6 粒，成熟后籽粒呈椭圆形，种皮黑色，脐白色、光滑，百粒重 32.6 g。单株荚数 180~220 个，单荚鲜重 8~11 g，单株鲜荚产量 1.8~2.0 kg。产量高，抗病能力强，口感较好。

# 五 河 紫 茶 豆

【作物名称】扁豆 *Lablab purpureus* (Linn.) Sweet
【作物类别】粮食作物
【分　　类】豆科扁豆属
【采集地点】蚌埠市五河县
【采集编号】P340322174

## 【特征特性】

　　植株蔓生，无限结荚习性，生长势强。茎紫色，叶绿色，叶脉紫色，叶片大小中等偏大。花序紫红色，花序长 33~38 cm，花紫色。鲜豆荚镰刀形，嫩荚紫红色，荚长 7~9 cm，荚宽 2~3 cm，荚厚 0.8~1.0 cm，单荚籽粒数 4~6 粒，成熟后籽粒呈椭圆形，种皮棕黑色，脐白色、光滑，百粒重 40.0 g。单株荚数 70~120 个，单荚鲜重 6~9 g，单株鲜荚产量 0.5~0.9 kg。抗病性较强。

# 利辛青扁豆

【作物名称】扁豆 *Lablab purpureus* (Linn.) Sweet
【作物类别】粮食作物
【分　　类】豆科扁豆属
【采集地点】亳州市利辛县
【采集编号】P341623010

## 【特征特性】

　　植株蔓生，无限结荚习性，生长势强。茎绿色，叶浓绿色，叶脉白色，叶片大小中等偏大。花序浅绿色，花序长 11~16 cm，花白色。鲜豆荚猪耳朵形，嫩荚青白色，荚长 7~9 cm，荚宽 2~3 cm，荚厚 0.7~0.9 cm，单荚籽粒数 4~6 粒，成熟后籽粒呈椭圆形，种皮红褐色、部分深褐色，带花纹，脐白色、光滑度中等，百粒重 52.0 g。单株荚数 70~120 个，单荚鲜重 7~10 g，单株鲜荚产量 0.6~0.9 kg。产量一般，抗病能力强，口感较好。

# 牛 集 白 扁 豆

【作物名称】扁豆 *Lablab purpureus* (Linn.) Sweet
【作物类别】粮食作物
【分　　类】豆科扁豆属
【采集地点】亳州市谯城区
【采集编号】2021342570

## 【特征特性】

植株蔓生，无限结荚习性，生长势强。茎绿色，叶浓绿色，叶脉浅绿色，叶片大小中等偏大。花序浅绿色，花序长 17~22 cm，花白色。鲜豆荚猪耳朵形，嫩荚青白色，荚长 8~10 cm，荚宽 3~4 cm，荚厚 0.7~0.9 cm，单荚籽粒数 2~4 粒，成熟后籽粒呈椭圆形，种皮红褐色，脐白色、光滑，百粒重 51.1 g。单株荚数 180~220 个，单荚鲜重 5~7 g，单株鲜荚产量 1.2~1.3 kg。抗病能力强，口感较好。

# 城父眉豆

【作物名称】扁豆 *Lablab purpureus* (Linn.) Sweet
【作物类别】粮食作物
【分　　类】豆科扁豆属
【采集地点】亳州市谯城区
【采集编号】2021342648

## 【特征特性】

植株蔓生，无限结荚习性，生长势强。茎绿色，叶浓绿色，叶脉白色，叶片大小偏大。花序绿色，花序长 21~26 cm，花粉红色。鲜豆荚镰刀形，嫩荚青白色，荚长 10~14 cm，荚宽 2~4 cm，荚厚 0.7~0.9 cm，单荚籽粒数 4~6 粒，成熟后籽粒呈长扁椭圆形，种皮棕黑色，脐白色、光滑度中等，百粒重 50.6 g。单株荚数 180~220 个，单荚鲜重 7~10 g，单株鲜荚产量 1.4~1.7 kg。产量高，抗病能力强，口感较好。

# 谯 城 紫 眉 豆

【作物名称】扁豆 *Lablab purpureus* (Linn.) Sweet
【作物类别】粮食作物
【分　　类】豆科扁豆属
【采集地点】亳州市谯城区
【采集编号】P341602032

## 【特征特性】

　　植株蔓生，无限结荚习性，生长势强。茎紫色，叶浓绿色，叶脉紫色，叶片大小中等。花序紫红色，花序长 16~21 cm，花紫红色。鲜豆荚镰刀形，嫩荚亮紫色，荚长 8~10 cm，荚宽 3~4 cm，荚厚 0.7~0.9 cm，单荚籽粒数 3~5 粒，成熟后籽粒呈圆形，种皮棕黑色，脐白色、光滑度中等，百粒重 46.9 g。单株荚数 80~130 个，单荚鲜重 8~11 g，单株鲜荚产量 0.7~1.1 kg。抗病能力强。

# 楚 店 青 扁 豆

【作物名称】扁豆 *Lablab purpureus* (Linn.) Sweet
【作物类别】粮食作物
【分　　类】豆科扁豆属
【采集地点】亳州市涡阳县
【采集编号】2021341012

## 【特征特性】

　　植株蔓生，无限结荚习性，生长势强。茎绿色，叶浅绿色，叶脉白色，叶片大小中等。花序浅绿色，花序长 18~23 cm，花白色。鲜豆荚猪耳朵形，嫩荚青白色，荚长 10~12 cm，荚宽 2~3 cm，荚厚 0.6~0.8 cm，单荚籽粒数 3~5 粒，成熟后籽粒呈椭圆形，种皮红褐色，脐白色、光滑，百粒重 51.2 g。单株荚数 180~220 个，单荚鲜重 5~7 g，单株鲜荚产量 1.1~1.3 kg。产量高，抗病能力强，口感较好。

# 曹市白扁豆

【作物名称】扁豆 *Lablab purpureus* (Linn.) Sweet

【作物类别】粮食作物

【分　　类】豆科扁豆属

【采集地点】亳州市涡阳县

【采集编号】2021341044

【特征特性】

　　植株蔓生，无限结荚习性，生长势强。茎绿色，叶浓绿色，叶脉绿色，叶片大小偏大。花序绿色，花序长 15~20 cm，花白色。鲜豆荚镰刀形，嫩荚白色，荚长 10~12 cm，荚宽 3~4 cm，荚厚 0.7~0.9 cm，单荚籽粒数 3~5 粒，成熟后籽粒呈长扁椭圆形，种皮红棕色，脐白色、光滑，百粒重 50.3 g。单株荚数 180~220 个，单荚鲜重 10~13 g，单株鲜荚产量 2.1~2.4 kg。产量高，抗病能力强，口感较好。

# 柴 村 紫 梅 豆

【作物名称】扁豆 *Lablab purpureus* (Linn.) Sweet
【作物类别】粮食作物
【分　　类】豆科扁豆属
【采集地点】亳州市涡阳县
【采集编号】2021341058

## 【特征特性】

植株蔓生，无限结荚习性，生长势强。茎紫色，叶浓绿色，叶脉紫色，叶片大小中等偏大。花序紫红色，花序长 15~20 cm，花紫红色。鲜豆荚镰刀形，嫩荚沙红色，缝线紫红色，荚长 8~10 cm，荚宽 4~5 cm，荚厚 0.8~1.0 cm，单荚籽粒数 2~4 粒，成熟后籽粒呈椭圆形，种皮黑色，脐白色、光滑，百粒重 43.9 g。单株荚数 180~220 个，单荚鲜重 7~10 g，单株鲜荚产量 1.5~1.7 kg。产量高，抗病能力强，口感较好。

# 丁桥紫边扁豆

【作物名称】扁豆 *Lablab purpureus* (Linn.) Sweet
【作物类别】粮食作物
【分　　类】豆科扁豆属
【采集地点】池州市青阳县
【采集编号】2021343545

## 【特征特性】

　　植株蔓生，无限结荚习性，生长势强。茎紫色，叶浓绿色，叶脉绿色，叶片大小中等偏大。花序紫色，花序长 19~24 cm，花紫色。鲜豆荚镰刀形，嫩荚青色带沙红，缝线深紫色，荚长 8~10 cm，荚宽 2~3 cm，荚厚 0.7~0.9 cm，单荚籽粒数 4~6 粒，成熟后籽粒呈椭圆形，种皮黑色，脐白色、光滑，百粒重 47.0 g。单株荚数 180~220 个，单荚鲜重 6~8 g，单株鲜荚产量 1.2~1.3 kg。抗性强，产量高，口感好。

# 新河紫扁豆

【作物名称】扁豆 *Lablab purpureus* (Linn.) Sweet
【作物类别】粮食作物
【分　　类】豆科扁豆属
【采集地点】池州市青阳县
【采集编号】2021343603

## 【特征特性】

植株蔓生，无限结荚习性，生长势强。茎紫色，叶浓绿色，叶脉绿色，叶片大小中等。花序紫红色，花序长 27~32 cm，花紫红色。鲜豆荚镰刀形，嫩荚亮紫红色，荚长 8~10 cm，荚宽 2~3 cm，荚厚 0.8~1.0 cm，单荚籽粒数 2~5 粒，成熟后籽粒呈圆形，种皮棕黑色，脐白色、光滑度中等，百粒重 36.5 g。单株荚数 180~220 个，单荚鲜重 7~10 g，单株鲜荚产量 1.6~1.8 kg。抗性强，产量高。

# 来安紫扁豆

【作物名称】扁豆 *Lablab purpureus* (Linn.) Sweet
【作物类别】粮食作物
【分　　类】豆科扁豆属
【采集地点】滁州市来安县
【采集编号】P341122056

【特征特性】

　　植株蔓生，无限结荚习性，生长势强。茎紫色，叶浓绿色，叶脉紫色，叶片大小中等。花序紫红色，花序长 20~25 cm，花粉红色。鲜豆荚镰刀形，嫩荚紫红色，成熟后紫色，荚长 7~9 cm，荚宽 2~3 cm，荚厚 0.7~0.9 cm，单荚籽粒数 3~5 粒，成熟后籽粒呈圆形，种皮黑色，脐白色、光滑，百粒重 36.4 g。单株荚数 100~150 个，单荚鲜重 8~11 g，单株鲜荚产量 0.9~1.3 kg。抗病能力强，口感较好。

# 管 店 青 扁 豆

【作物名称】扁豆 *Lablab purpureus* (Linn.) Sweet
【作物类别】粮食作物
【分　　类】豆科扁豆属
【采集地点】滁州市明光市
【采集编号】2020344156

## 【特征特性】

　　植株蔓生，无限结荚习性，生长势强。茎绿色，叶绿色，叶脉浅绿色，叶片大小中等偏小。花序绿色，无花序或极短花序，花紫色。鲜豆荚镰刀形，嫩荚青白色，荚长 6~8 cm，荚宽 2~3 cm，荚厚 0.8~1.0 cm，单荚籽粒数 4~6 粒，成熟后籽粒呈椭圆形，种皮黑色，脐白色、光滑，百粒重 47.8 g。单株荚数 70~120 个，单荚鲜重 6~9 g，单株鲜荚产量 0.5~0.8 kg。口感较好。

# 明 光 青 茶 豆

【作物名称】扁豆 *Lablab purpureus* (Linn.) Sweet
【作物类别】粮食作物
【分　　类】豆科扁豆属
【采集地点】滁州市明光市
【采集编号】P341182008

【特征特性】

　　植株蔓生，无限结荚习性，生长势强。茎绿色，叶浓绿色，叶脉白色，叶片大小中等偏小。花序绿色，花序长 11~16 cm，花紫色。鲜豆荚镰刀形，嫩荚青白色，缝线青绿色，荚长 6~8 cm，荚宽 2~3 cm，荚厚 0.8~1.0 cm，单荚籽粒数 4~6 粒，成熟后籽粒呈椭圆形，种皮黑色，脐白色、光滑，百粒重 48.0 g。单株荚数 100~150 个，单荚鲜重 6~8 g，单株鲜荚产量 0.7~0.9 kg。口感较好。

# 南谯紫扁豆

【作物名称】扁豆 *Lablab purpureus* (Linn.) Sweet
【作物类别】粮食作物
【分　　类】豆科扁豆属
【采集地点】滁州市南谯区
【采集编号】P341103033

## 【特征特性】

　　植株蔓生，无限结荚习性，生长势强。茎紫色，叶浓绿色，叶脉紫色，叶片大小中等。花序紫红色，花序长 20~25 cm，花紫红色。鲜豆荚镰刀形，嫩荚亮紫红色，荚长 9~11 cm，荚宽 2~3 cm，荚厚 0.7~0.9 cm，单荚籽粒数 3~5 粒，成熟后籽粒呈椭圆形，种皮黑色，脐白色、光滑度中等，百粒重 36.9 g。单株荚数 180~220 个，单荚鲜重 6~9 g，单株鲜荚产量 1.2~1.5 kg。产量高，抗病能力强。

# 天长红扁豆

【作物名称】扁豆 *Lablab purpureus* (Linn.) Sweet
【作物类别】粮食作物
【分　　类】豆科扁豆属
【采集地点】滁州市天长市
【采集编号】P341181022

## 【特征特性】

　　植株蔓生，无限结荚习性，生长势强。茎紫红色，叶浓绿色，叶脉紫色，叶片大小中等偏大。花序紫红色，花序长 18~23 cm，花粉红色。鲜豆荚镰刀形，嫩荚紫红色，荚长 7~9 cm，荚宽 2~3 cm，荚厚 0.6~0.8 cm，单荚籽粒数 3~5 粒，成熟后籽粒呈椭圆形，种皮黑色，脐白色、光滑度中等，百粒重 35.3 g。单株荚数 80~130 个，单荚鲜重 7~10 g，单株鲜荚产量 0.7~1.1 kg。抗病能力强。

# 紫边扁豆

【作物名称】扁豆 *Lablab purpureus* (Linn.) Sweet

【作物类别】粮食作物

【分　　类】豆科扁豆属

【采集地点】滁州市天长市

【采集编号】P341181023

## 【特征特性】

　　植株蔓生，无限结荚习性，生长势强。茎紫红色，叶浓绿色，叶脉白色，叶片大小中等偏大。花序紫红色，花序长 20~25 cm，花粉红色。鲜豆荚镰刀形，嫩荚青白色，缝线暗紫色，荚长 6~8 cm，荚宽 2~3 cm，荚厚 0.7~0.9 cm，单荚籽粒数 4~6 粒，成熟后籽粒呈椭圆形，种皮黑色，脐白色、光滑，百粒重 37.1 g。单株荚数 180~220 个，单荚鲜重 7~10 g，单株鲜荚产量 1.4~1.7 kg。产量高，抗病能力强，口感较好。

# 舒庄长扁豆

【作物名称】扁豆 *Lablab purpureus* (Linn.) Sweet
【作物类别】粮食作物
【分　　类】豆科扁豆属
【采集地点】阜阳市界首市
【采集编号】2021343145

## 【特征特性】

植株蔓生，无限结荚习性，生长势强。茎绿色，叶浓绿色，叶脉绿色，叶片大小中等偏大。花序绿色，花序长 14~19 cm，花紫红色。鲜豆荚镰刀形，嫩荚青白色，荚长 11~13 cm，荚宽 2~3 cm，荚厚 0.6~0.8 cm，单荚籽粒数 4~6 粒，成熟后籽粒呈椭圆形，种皮黑色，脐白色、光滑，百粒重 37.0 g。单株荚数 180~220 个，单荚鲜重 7~10 g，单株鲜荚产量 1.4~1.7 kg。产量高，口感好。

# 界首紫扁豆

【作物名称】扁豆 *Lablab purpureus* (Linn.) Sweet
【作物类别】粮食作物
【分　　类】豆科扁豆属
【采集地点】阜阳市界首市
【采集编号】P341282027

## 【特征特性】

　　植株蔓生，无限结荚习性，生长势强。茎红色，叶浓绿色，叶脉浅绿色，叶片大小中等。花序红色，花序长 20~25 cm，花紫红色。鲜豆荚镰刀形，嫩荚紫红色，荚长 6~8 cm，荚宽 2~3 cm，荚厚 0.7~0.9 cm，单荚籽粒数 4~6 粒，成熟后籽粒呈椭圆形，种皮黑色，脐白色、光滑度中等，百粒重 43.2 g。单株荚数 100~150 个，单荚鲜重 7~10 g，单株鲜荚产量 0.8~1.2 kg。抗性强。

# 界首白扁豆

【作物名称】扁豆 *Lablab purpureus* (Linn.) Sweet
【作物类别】粮食作物
【分　　类】豆科扁豆属
【采集地点】阜阳市界首市
【采集编号】P341282028

【特征特性】

　　植株蔓生，无限结荚习性，生长势强。茎绿色，叶绿色，叶脉绿色，叶片大小中等。花序浅绿色，花序长 15~20 cm，花白色。鲜豆荚猪耳朵形，嫩荚青白色，荚长 5~7 cm，荚宽 2~3 cm，荚厚 0.7~1.0 cm，单荚籽粒数 3~5 粒，成熟后籽粒呈椭圆形，种皮红褐色，脐白色、光滑度中等，百粒重 36.0 g。单株荚数 50~100 个，单荚鲜重 6~9 g，单株鲜荚产量 0.3~0.7 kg。口感较好。

# 紫边青扁豆

【作物名称】扁豆 *Lablab purpureus* (Linn.) Sweet
【作物类别】粮食作物
【分　　类】豆科扁豆属
【采集地点】阜阳市太和县
【采集编号】2021342115

【特征特性】

　　植株蔓生，无限结荚习性，生长势强。茎浅紫色，叶绿色，叶脉浅绿色，叶片大小中等。花序青紫色，花序长 22~27 cm，花紫色。鲜豆荚镰刀形，嫩荚青白带沙红色，缝线紫色，荚长 6~8 cm，荚宽 2~3 cm，荚厚 0.8~1.0 cm，单荚籽粒数 3~5 粒，成熟后籽粒呈圆形，种皮黑色，脐白色、光滑，百粒重 38.7 g。单株荚数 180~220 个，单荚鲜重 7~10 g，单株鲜荚产量 1.5~1.7 kg。抗性强，产量高，肉质厚。

# 太 和 青 扁 豆

【作物名称】扁豆 *Lablab purpureus* (Linn.) Sweet
【作物类别】粮食作物
【分　　类】豆科扁豆属
【采集地点】阜阳市太和县
【采集编号】P341222021

【特征特性】

　　植株蔓生，无限结荚习性，生长势强。茎绿色，叶浓绿色，叶脉浅绿色，叶片大小中等偏小。花序绿色，花序长 15~20 cm，花白色。鲜豆荚猪耳朵形，嫩荚青白色，荚长 8~10 cm，荚宽 3~4 cm，荚厚 0.7~0.9 cm，单荚籽粒数 4~6 粒，成熟后籽粒呈长扁椭圆形，种皮红褐色、脐白色，光滑，百粒重 48.0 g。单株荚数 70~120 个，单荚鲜重 7~10 g，单株鲜荚产量 0.6~1.0 kg。抗性强，肉质厚，口感好。

# 颍上紫扁豆

【作物名称】扁豆 *Lablab purpureus* (Linn.) Sweet

【作物类别】粮食作物

【分　　类】豆科扁豆属

【采集地点】阜阳市颍上县

【采集编号】P341226018

## 【特征特性】

植株蔓生，无限结荚习性，生长势强。茎紫色，叶绿色，叶脉紫色，叶片大小中等。花序紫色，花序长 17~22 cm，花紫色。鲜豆荚镰刀形，嫩荚亮紫色，荚长 8~10 cm，荚宽 2~3 cm，荚厚 0.7~0.9 cm，单荚籽粒数 4~6 粒，成熟后籽粒呈椭圆形，种皮黑色，脐白色、光滑，百粒重 49.9 g。单株荚数 180~220 个，单荚鲜重 8~12 g，单株鲜荚产量 1.8~2.1 kg。产量高，抗性强。

# 颍 上 白 扁 豆

【作物名称】扁豆 *Lablab purpureus* (Linn.) Sweet
【作物类别】粮食作物
【分　　类】豆科扁豆属
【采集地点】阜阳市颍上县
【采集编号】P341226022

## 【特征特性】

　　植株蔓生，无限结荚习性，生长势强。茎绿色，叶绿色，叶脉浅绿色，叶片大小中等偏大。花序绿色，花序长 20~25 cm，花白色。鲜豆荚猪耳朵形，嫩荚青白色，荚长 6~8 cm，荚宽 2~3 cm，荚厚 0.6~0.8 cm，单荚籽粒数 4~6 粒，成熟后籽粒呈椭圆形，种皮红褐色，脐白色、光滑，百粒重 48.0 g。单株荚数 100~150 个，单荚鲜重 8~11 g，单株鲜荚产量 0.9~1.3 kg。口感好。

# 红 边 月 亮 菜

**【作物名称】**扁豆 *Lablab purpureus* (Linn.) Sweet
**【作物类别】**粮食作物
**【分　　类】**豆科扁豆属
**【采集地点】**合肥市巢湖市
**【采集编号】**P340181013

## 【特征特性】

　　植株蔓生，无限结荚习性，生长势强。茎紫红色，叶浓绿色，叶脉白色，叶片大小中等。花序紫红色，花序长 20~25 cm，花紫色。鲜豆荚镰刀形，嫩荚青白带沙红色，缝线红色，荚长 6~8 cm，荚宽 2~3 cm，荚厚 0.8~1.0 cm，单荚籽粒数 4~6 粒，成熟后籽粒呈椭圆形，种皮黑色，脐白色、光滑度中等，百粒重 38.7 g。单株荚数 180~220 个，单荚鲜重 10~14 g，单株鲜荚产量 2.2~2.5 kg。抗性强，产量高，肉质厚，口感好。

# 肥 东 青 扁 豆

【作物名称】扁豆 *Lablab purpureus* (Linn.) Sweet
【作物类别】粮食作物
【分　　类】豆科扁豆属
【采集地点】合肥市肥东县
【采集编号】2019343015

## 【特征特性】

　　植株蔓生，无限结荚习性，生长势强。茎绿色，叶绿色，叶脉白色，叶片大小中等偏小。花序绿色，花序长 12~17 cm，花白色。鲜豆荚镰刀形，嫩荚绿色，荚长 7~9 cm，荚宽 2~3 cm，荚厚 0.8~1.0 cm，单荚籽粒数 3~5 粒，成熟后籽粒呈椭圆形，种皮红棕色，脐白色、光滑，百粒重 42.1 g。单株荚数 100~150 个，单荚鲜重 6~9 g，单株鲜荚产量 0.8~1.1 kg。抗病能力强，肉质厚，口感好。

# 肥 东 紫 扁 豆

【作物名称】扁豆 *Lablab purpureus* (Linn.) Sweet

【作物类别】粮食作物

【分　　类】豆科扁豆属

【采集地点】合肥市肥东县

【采集编号】2019343017

## 【特征特性】

植株蔓生，无限结荚习性，生长势强。茎紫红色，叶浓绿色，叶脉紫色，叶片大小中等。花序红色，花序长 10~20 cm，花紫色。鲜豆荚镰刀形，嫩荚紫红色，荚长 7~9 cm，荚宽 2~3 cm，荚厚 0.8~1.1 cm，单荚籽粒数 3~5 粒，成熟后籽粒呈椭圆形，种皮黑色，脐白色、光滑，百粒重 36.3 g。单株荚数 80~130 个，单荚鲜重 8~10 g，单株鲜荚产量 1.0~1.4 kg。抗病能力强。

# 肥东红扁豆

【作物名称】扁豆 *Lablab purpureus* (Linn.) Sweet

【作物类别】粮食作物

【分　　类】豆科扁豆属

【采集地点】合肥市肥东县

【采集编号】P340122050

## 【特征特性】

　　植株蔓生，无限结荚习性，生长势强。茎紫色，叶绿色，叶脉紫色，叶片大小中等偏大。花序红色，花序长 20~25 cm，花紫红色。鲜豆荚镰刀形，嫩荚亮紫色，荚长 8~10 cm，荚宽 3~4 cm，荚厚 0.8~1.0 cm，单荚籽粒数 5~7 粒，成熟后籽粒呈椭圆形，种皮黑色，脐白色、光滑度中等，百粒重 41.1 g。单株荚数 120~180 个，单荚鲜重 7~10 g，单株鲜荚产量 1.0~1.4 kg。抗性强，肉质厚。

# 青色肉扁豆

【作物名称】扁豆 *Lablab purpureus* (Linn.) Sweet

【作物类别】粮食作物

【分　　类】豆科扁豆属

【采集地点】合肥市肥东县

【采集编号】P340122053

## 【特征特性】

植株蔓生，无限结荚习性，生长势强。茎绿色，叶浓绿色，叶脉绿色，叶片大小中等偏小。花序绿色，花序长 24~29 cm，花白色。鲜豆荚镰刀形，嫩荚青白色，缝线青绿色，荚长 6~8 cm，荚宽 2~3 cm，荚厚 0.7~1.0 cm，单荚籽粒数 4~6 粒，成熟后籽粒呈椭圆形，种皮红棕色，脐白色、光滑，百粒重 40.4 g。单株荚数 150~180 个，单荚鲜重 6~9 g，单株鲜荚产量 1.0~1.3 kg。抗病能力强，口感好。

# 烈 山 眉 豆

【作物名称】扁豆 *Lablab purpureus* (Linn.) Sweet
【作物类别】粮食作物
【分　　类】豆科扁豆属
【采集地点】淮北市烈山区
【采集编号】P340604021

## 【特征特性】

　　植株蔓生，无限结荚习性，生长势强。茎绿色，叶浓绿色，叶脉白色，叶片大小中等偏大。花序浅绿色，花序长 12~17 cm，花紫色。鲜豆荚镰刀形，嫩荚青白色，荚长 8~10 cm，荚宽 2~3 cm，荚厚 0.5~0.7 cm，单荚籽粒数 4~6 粒，成熟后籽粒呈扁椭圆形，种皮棕黑色，脐白色、光滑度中等，百粒重 65.7 g。单株荚数 70~120 个，单荚鲜重 6~9 g，单株鲜荚产量 0.5~0.9 kg。口感好。

# 濉溪白扁豆

【作物名称】扁豆 *Lablab purpureus* (Linn.) Sweet
【作物类别】粮食作物
【分　　类】豆科扁豆属
【采集地点】淮北市濉溪县
【采集编号】P340602032

## 【特征特性】

　　植株蔓生，无限结荚习性，生长势强。茎绿色，叶浓绿色，叶脉白色，叶片大小中等。花序浅绿色，无花序或极短花序，花紫色。鲜豆荚猪耳朵形，嫩荚青白色，荚长 6~8 cm，荚宽 2~3 cm，荚厚 0.8~1.0 cm，单荚籽粒数 4~6 粒，成熟后籽粒呈椭圆形，种皮黑色，脐白色、光滑，百粒重 44.0 g。单株荚数 50~100 个，单荚鲜重 6~8 g，单株鲜荚产量 0.3~0.6 kg。产量较低，口感好。

# 濉溪青扁豆

【作物名称】扁豆 *Lablab purpureus* (Linn.) Sweet
【作物类别】粮食作物
【分　　类】豆科扁豆属
【采集地点】淮北市濉溪县
【采集编号】P340621036

【特征特性】

植株蔓生，无限结荚习性，生长势强。茎绿色，叶浓绿色，叶脉白色，叶片大小中等偏小。花序浅绿色，花序长 10~20 cm，花白色。鲜豆荚猪耳朵形，嫩荚青白色，缝线青绿色，荚长 8~10 cm，荚宽 3~5 cm，荚厚 0.5~0.7 cm，单荚籽粒数 5~7 粒，成熟后籽粒呈椭圆形，种皮红褐色，脐白、光滑，百粒重 44.1 g。单株荚数 50~100 个，单荚鲜重 15~19 g，单株鲜荚产量 0.9~1.5 kg。口感好。

# 濉溪紫扁豆

【作物名称】扁豆 *Lablab purpureus* (Linn.) Sweet

【作物类别】粮食作物

【分　　类】豆科扁豆属

【采集地点】淮北市濉溪县

【采集编号】P340621037

## 【特征特性】

植株蔓生，无限结荚习性，生长势强。茎红色，叶浓绿色，叶脉紫色，叶片大小中等。花序红色，花序长 13~18 cm，花粉红色。鲜豆荚镰刀形，嫩荚亮紫色，荚长 6~10 cm，荚宽 3~4 cm，荚厚 0.7~0.9 cm，单荚籽粒数 4~6 粒，成熟后籽粒呈椭圆形，种皮黑色，脐白色、光滑度中等，百粒重 38.8 g。单株荚数 150~180 个，单荚鲜重 7~10 g，单株鲜荚产量 1.2~1.4 kg。产量高，抗病能力强。

# 闪 冲 青 扁 豆

【作物名称】扁豆 *Lablab purpureus* (Linn.) Sweet
【作物类别】粮食作物
【分　　类】豆科扁豆属
【采集地点】淮南市八公山区
【采集编号】P340405023

## 【特征特性】

　　植株蔓生，无限结荚习性，生长势强。茎绿色，叶浓绿色，叶脉绿色，叶片大小中等偏大。花序浅绿色，花序长 21~26 cm，花白色。鲜豆荚镰刀形，嫩荚青白色，缝线绿色，荚长 6~8 cm，荚宽 2~3 cm，荚厚 0.8~1.0 cm，单荚籽粒数 5~7 粒，成熟后籽粒呈椭圆形，种皮红褐色，脐白色、光滑，百粒重 44.1 g。单株荚数 80~130 个，单荚鲜重 8~11 g，单株鲜荚产量 0.8~1.1 kg。抗病能力强，口感较好。

# 八 公 山 猫 耳 菜

【作物名称】扁豆 *Lablab purpureus* (Linn.) Sweet
【作物类别】粮食作物
【分　　类】豆科扁豆属
【采集地点】淮南市八公山区
【采集编号】P340405029

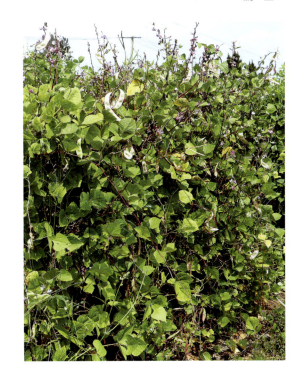

## 【特征特性】

　　植株蔓生，无限结荚习性，生长势强。茎红色，叶绿色，叶脉绿色，叶片大小中等偏大。花序紫红色，花序长 18~23 cm，花紫色。鲜豆荚镰刀形，嫩荚青绿带沙红色，缝线紫红色，荚长 8~15 cm，荚宽 3~4 cm，荚厚 0.6~0.8 cm，单荚籽粒数 4~6 粒，成熟后籽粒呈形椭圆形，种皮黑色，脐白色、光滑，百粒重 34.5 g。单株荚数 80~120 个，单荚鲜重 8~14 g，单株鲜荚产量 0.8~1.3 kg。抗病能力强，口感较好。

# 凤 台 紫 扁 豆

【作物名称】扁豆 *Lablab purpureus* (Linn.) Sweet
【作物类别】粮食作物
【分　　类】豆科扁豆属
【采集地点】淮南市凤台县
【采集编号】2019341037

## 【特征特性】

植株蔓生，无限结荚习性，生长势强。茎紫色，叶浓绿色，叶脉紫色，叶片大小中等。花序紫红色，花序长 15~20 cm，花紫色。鲜豆荚镰刀型，嫩荚紫红色，荚长 7~9 cm，荚宽 2~3 cm，荚厚 0.7~0.9 cm，单荚籽粒数 3~5 粒，成熟后籽粒呈长扁椭圆形，种皮黑色，脐白色、光滑，百粒重 48.0 g。单株荚数 80~130 个，单荚鲜重 6~9 g，一般单株鲜荚产量 0.6~1.0 kg。抗性强。

# 凤 台 青 扁 豆

【作物名称】扁豆 *Lablab purpureus* (Linn.) Sweet

【作物类别】粮食作物

【分　　类】豆科扁豆属

【采集地点】淮南市凤台县

【采集编号】2019341038

## 【特征特性】

　　植株蔓生，无限结荚习性，生长势强。茎绿色，叶浓绿色，叶脉浅绿色，叶片大小中等。花序绿色，花序长 12~17 cm，花紫红色。鲜豆荚镰刀形，嫩荚青白色，荚长 7~9 cm，荚宽 3~4 cm，荚厚 0.8~1.0 cm，单荚籽粒数 3~5 粒，成熟后籽粒呈圆形，种皮黑色，脐白色、光滑，百粒重 40.8 g。单株荚数 180~220 个，单荚鲜重 7~10 g，一般单株鲜荚产量 1.5~1.8 kg。产量高，口感好。

# 凤台红边扁豆

【作物名称】扁豆 *Lablab purpureus* (Linn.) Sweet
【作物类别】粮食作物
【分　　类】豆科扁豆属
【采集地点】淮南市凤台县
【采集编号】2019341039

## 【特征特性】

植株蔓生，无限结荚习性，生长势强。茎紫红色，叶浓绿色，叶脉绿色，叶片大小中等偏小。花序紫红色，花序长29~34 cm，花紫红色。鲜豆荚镰刀形，嫩荚青绿带沙红色，缝线紫红色，荚长7~9 cm，荚宽2~3 cm，荚厚0.8~1.0 cm，单荚籽粒数4~6粒，成熟后籽粒呈圆形，种皮黑色，脐白色、光滑度中等，百粒重41.3 g。单株荚数180~220个，单荚鲜重6~10 g，一般单株鲜荚产量1.3~1.8 kg。抗性强，产量高，肉质厚，口感好。

# 凤 台 白 扁 豆

【作物名称】扁豆 *Lablab purpureus* (Linn.) Sweet
【作物类别】粮食作物
【分　　类】豆科扁豆属
【采集地点】淮南市凤台县
【采集编号】P340421021

## 【特征特性】

　　植株蔓生，无限结荚习性，生长势强。茎绿色，叶绿色，叶脉白色，叶片大小中等偏小。花序浅绿色，花序长 12~20 cm，花白色。鲜豆荚猪耳朵形，嫩荚青白色，荚长 8~10 cm，荚宽 3~4 cm，荚厚 0.7~0.9 cm，单荚籽粒数 4~6 粒，成熟后籽粒呈长扁椭圆形，种皮红褐色，脐白色、光滑，百粒重 52.1 g。单株荚数 80~130 个，单荚鲜重 7~10 g，单株鲜荚产量 0.7~1.1 kg。口感较好。

# 祁 门 青 扁 豆

【作物名称】扁豆 *Lablab purpureus* (Linn.) Sweet
【作物类别】粮食作物
【分　　类】豆科扁豆属
【采集地点】黄山市祁门县
【采集编号】P342726037

## 【特征特性】

　　植株蔓生，无限结荚习性，生长势强。茎绿色，叶浓绿色，叶脉白色，叶片大小中等。花序绿色，花序长 15~20cm，花白色。鲜豆荚镰刀形，嫩荚青白色，荚长 6~8 cm，荚宽 2~3 cm，荚厚 0.8~1.0 cm，单荚籽粒数 3~5 粒，成熟后籽粒呈椭圆形，种皮黑色，脐白色、光滑，百粒重 38.4 g。单株荚数 150~180 个，单荚鲜重 6~9 g，单株鲜荚产量 1.0~1.3 kg。抗病能力强。

# 歙 县 青 扁 豆

【作物名称】扁豆 *Lablab purpureus* (Linn.) Sweet
【作物类别】粮食作物
【分　　类】豆科扁豆属
【采集地点】黄山市歙县
【采集编号】P341021017

## 【特征特性】

　　植株蔓生，无限结荚习性，生长势强。茎绿色，叶浓绿色，叶脉白色，叶片大小中等。花序青色带点红，花序长 12~17 cm，花紫红色。鲜豆荚镰刀形，嫩荚青白色，荚长 6~8 cm，荚宽 2~3 cm，荚厚 0.8~1.0 cm，单荚籽粒数 4~6 粒，成熟后籽粒呈椭圆形，种皮棕黑色，脐白色、光滑，百粒重 47.8 g。单株荚数 70~120 个，单荚鲜重 6~9 g，单株鲜荚产量 0.5~0.9 kg。肉质厚，口感好。

# 歙县红边扁豆

【作物名称】扁豆 *Lablab purpureus* (Linn.) Sweet
【作物类别】粮食作物
【分　　类】豆科扁豆属
【采集地点】黄山市歙县
【采集编号】P341021020

## 【特征特性】

植株蔓生，无限结荚习性，生长势强。茎紫色，叶绿色，叶脉浅绿色，叶片大小中等偏大。花序红色，花序长14~19 cm，花紫红色。鲜豆荚猪耳朵形，嫩荚青绿带沙红色，缝线紫红色，荚长7~9 cm，荚宽2~3 cm，荚厚0.7~0.9 cm，单荚籽粒数4~6粒，成熟后籽粒呈长椭圆形，种皮黑色，部分带浅褐花纹，脐白色、光滑，百粒重51.3 g。单株荚数80~130个，单荚鲜重6~9 g，单株鲜荚产量0.6~0.9 kg。抗病能力强，口感较好。

# 蜈蚣岭红扁豆

【作物名称】扁豆 *Lablab purpureus* (Linn.) Sweet

【作物类别】粮食作物

【分　　类】豆科扁豆属

【采集地点】黄山市歙县

【采集编号】P341021025

## 【特征特性】

　　植株蔓生，无限结荚习性，生长势强。茎紫红色，叶绿色，叶脉紫色，叶片大小中等偏大。花序红色，花序长 26~31 cm，花紫红色。鲜豆荚镰刀形，嫩荚深红色，荚长 7~9 cm，荚宽 2~3 cm，荚厚 0.7~0.9 cm，单荚籽粒数 4~6 粒，成熟后籽粒呈长椭圆形，种皮棕黑色，脐白色、光滑，百粒重 44.8 g。单株荚数 100~150 个，单荚鲜重 8~11 g，单株鲜荚产量 0.9~1.3 kg。抗病能力强。

# 稠墅白扁豆

【作物名称】扁豆 *Lablab purpureus* (Linn.) Sweet
【作物类别】粮食作物
【分　　类】豆科扁豆属
【采集地点】黄山市歙县
【采集编号】P341021071

## 【特征特性】

植株蔓生，无限结荚习性，生长势强。茎绿色，叶浓绿色，叶脉白色，叶片大小中等。花序绿色，花序长 14~19 cm，花白色。鲜豆荚镰刀形，嫩荚青白色，缝线绿色，荚长 7~9 cm，荚宽 3~4 cm，荚厚 0.7~0.9 cm，单荚籽粒数 4~6 粒，成熟后籽粒呈椭圆形，种皮白色，脐白色、光滑，百粒重 35.5 g。单株荚数 100~150 个，单荚鲜重 9~12 g，单株鲜荚产量 1.0~1.5 kg。产量高，口感好。

# 休 宁 青 扁 豆

【作物名称】扁豆 *Lablab purpureus* (Linn.) Sweet
【作物类别】粮食作物
【分　　类】豆科扁豆属
【采集地点】黄山市休宁县
【采集编号】P341022010

## 【特征特性】

植株蔓生，无限结荚习性，生长势强。茎绿色，叶绿色，叶脉浅绿色，叶片大小中等。花序绿色，花序长 14~19 cm，花紫红色。鲜豆荚猪耳朵形，嫩荚青白色，荚长 7~9 cm，荚宽 2~4 cm，荚厚 0.7~0.9 cm，单荚籽粒数 4~6 粒，成熟后籽粒呈长椭圆形，种皮黑色，脐白色、光滑，百粒重 51.9 g。单株荚数 70~120 个，单荚鲜重 6~9 g，单株鲜荚产量 0.5~0.9 kg。口感好。

# 月 亮 豆

【作物名称】扁豆 *Lablab purpureus* (Linn.) Sweet
【作物类别】粮食作物
【分　　类】豆科扁豆属
【采集地点】黄山市黟县
【采集编号】P341023051

## 【特征特性】

植株蔓生，无限结荚习性，生长势强。茎绿色，叶浓绿色，叶脉浅绿色，叶片大小中等偏大。花序浅绿色，花序长 19~24 cm，花白色。鲜豆荚猪耳朵形，嫩荚青白色，荚长 11~13 cm，荚宽 2~3 cm，荚厚 0.7~0.9 cm，单荚籽粒数 3~5 粒，成熟后籽粒呈椭圆形，种皮红棕色，脐白色、光滑，百粒重 44.2 g。单株荚数 180~220 个，单荚鲜重 7~10 g，单株鲜荚产量 1.5~1.8 kg。产量高，抗性强，口感好。

# 金 安 紫 扁 豆

【作物名称】扁豆 *Lablab purpureus* (Linn.) Sweet
【作物类别】粮食作物
【分　　类】豆科扁豆属
【采集地点】六安市金安区
【采集编号】P342401026

## 【特征特性】

植株蔓生，无限结荚习性，生长势强。茎紫色，叶绿色，叶脉紫色，叶片大小中等。花序紫红色，花序长 15~20 cm，花紫色。鲜豆荚镰刀形，嫩荚亮紫色，荚长 6~8 cm，荚宽 2~3 cm，荚厚 0.8~1.0 cm，单荚籽粒数 5~7 粒，成熟后籽粒呈椭圆形，种皮黑色，脐白色、光滑，百粒重 40.0 g。单株荚数 80~130 个，单荚鲜重 8~11 g，单株鲜荚产量 0.8~1.1 kg。抗病虫。

# 长 岭 八 月 扁

【作物名称】扁豆 *Lablab purpureus* (Linn.) Sweet
【作物类别】粮食作物
【分　　类】豆科扁豆属
【采集地点】六安市金寨县
【采集编号】2021344223

## 【特征特性】

植株蔓生，无限结荚习性，生长势强。茎绿色，叶绿色，叶脉白色，叶片大小中等。花序浅绿色，花序长 15~20 cm，花紫红色。鲜豆荚猪耳朵形，嫩荚青白色，荚长 5~7 cm，荚宽 2~3 cm，荚厚 0.7~0.9 cm，单荚籽粒数 3~5 粒，成熟后籽粒呈长椭圆形，种皮黑色，脐白色、光滑，百粒重 30.5 g。单株荚数 180~220个，单荚鲜重 6~9 g，单株鲜荚产量 1.3~1.6 kg。产量高，口感好。

# 舒城紫花青扁豆

【作物名称】扁豆 *Lablab purpureus* (Linn.) Sweet
【作物类别】粮食作物
【分　　类】豆科扁豆属
【采集地点】六安市舒城县
【采集编号】P341523081

## 【特征特性】

　　植株蔓生，无限结荚习性，生长势强。茎绿色，叶浓绿色，叶脉白色，叶片大小中等。花序浅绿色，花序长 10~15 cm，花紫红色。鲜豆荚镰刀形，嫩荚青白色，荚长 8~11 cm，荚宽 2~3 cm，荚厚 0.5~0.7 cm，单荚籽粒数 5~7 粒，成熟后籽粒呈长椭圆形，种皮黑色，脐白色、光滑，百粒重 40.1 g。单株荚数 80~130 个，单荚鲜重 10~15 g，单株鲜荚产量 1.0~1.6 kg。抗性强，口感好。

# 廖 家 红 扁 豆

【作物名称】扁豆 *Lablab purpureus* (Linn.) Sweet
【作物类别】粮食作物
【分　　类】豆科扁豆属
【采集地点】马鞍山市博望区
【采集编号】P340506023

【特征特性】

　　植株蔓生，无限结荚习性，生长势强。茎紫红色，叶绿色，叶脉紫色，叶片大小中等。花序红色，花序长 23~28 cm，花紫红色。鲜豆荚镰刀形，嫩荚亮紫色，荚长 11~13 cm，荚宽 2~3 cm，荚厚 0.7~0.9 cm，单荚籽粒数 4~6 粒，成熟后籽粒呈圆形，种皮棕黑色，脐白色、光滑，百粒重 40.0 g。单株荚数 100~150 个，单荚鲜重 7~10 g，单株鲜荚产量 0.8~1.2 kg。抗病能力强。

# 洞 阳 紫 边 扁 豆

【作物名称】扁豆 *Lablab purpureus* (Linn.) Sweet

【作物类别】粮食作物

【分　　类】豆科扁豆属

【采集地点】马鞍山市当涂县

【采集编号】P340521005

## 【特征特性】

植株蔓生，无限结荚习性，生长势强。茎紫色，叶浓绿色，叶脉紫色，叶片大小中等。花序红色，花序长 22~27 cm，花紫红色。鲜豆荚镰刀形，嫩荚青绿带沙红色，缝线紫红色，荚长 7~9 cm，荚宽 2~3 cm，荚厚 0.8~1.0 cm，单荚籽粒数 4~6 粒，成熟后籽粒呈椭圆形，种皮黑色，脐白色、光滑，百粒重 51.0 g。单株荚数 70~120 个，单荚鲜重 6~9 g，单株鲜荚产量 0.7~1.1 kg。抗病能力强。

# 当涂紫扁豆

【作物名称】扁豆 *Lablab purpureus* (Linn.) Sweet
【作物类别】粮食作物
【分　　类】豆科扁豆属
【采集地点】马鞍山市当涂县
【采集编号】P340521014

## 【特征特性】

　　植株蔓生，无限结荚习性，生长势强。茎紫红色，叶绿色，叶脉紫色，叶片大小中等偏大。花序红色，花序长 27~32 cm，花紫红色。鲜豆荚镰刀形，嫩荚亮紫色，荚长 6~9 cm，荚宽 2~3 cm，荚厚 0.8~1.0 cm，单荚籽粒数 3~5 粒，成熟后籽粒呈椭圆形，种皮黑色，部分有花纹，脐白色、光滑，百粒重 41.9 g。单株荚数 130~180 个，单荚鲜重 7~10 g，单株鲜荚产量 1.1~1.4 kg。产量高，抗病能力强。

# 朝 阳 白 扁 豆

【作物名称】扁豆 *Lablab purpureus* (Linn.) Sweet
【作物类别】粮食作物
【分　　类】豆科扁豆属
【采集地点】马鞍山市含山县
【采集编号】P342625030

## 【特征特性】

植株蔓生，无限结荚习性，生长势强。茎绿色，叶浓绿色，叶脉白色，叶片大小中等。花序绿色，花序长 20~25 cm，花白色。鲜豆荚猪耳朵形，嫩荚青白色，荚长 6~8 cm，荚宽 2~3 cm，荚厚 0.7~0.9 cm，单荚籽粒数 3~5 粒，成熟后籽粒呈椭圆形，种皮红棕色，脐白色、光滑，百粒重 39.8 g。单株荚数 180~220 个，单荚鲜重 5~8 g，单株鲜荚产量 1.2~1.4 kg。产量高，口感好。

# 环峰红扁豆

【作物名称】扁豆 *Lablab purpureus* (Linn.) Sweet
【作物类别】粮食作物
【分　　类】豆科扁豆属
【采集地点】马鞍山市含山县
【采集编号】P342625037

## 【特征特性】

　　植株蔓生，无限结荚习性，生长势强。茎紫红色，叶浓绿色，叶脉紫色，叶片大小中等。花序红色，花序长 22~27 cm，花紫红色。鲜豆荚猪耳朵形，嫩荚沙红色，缝线紫红色，荚长 5~7 cm，荚宽 3~4 cm，荚厚 0.7~0.9 cm，单荚籽粒数 2~4 粒，成熟后籽粒呈椭圆形，种皮黑色，脐白色、光滑，百粒重 43.0 g。单株荚数 180~220 个，单荚鲜重 6~9 g，单株鲜荚产量 1.3~1.6 kg。产量高，抗病能力强，口感较好。

# 和县紫扁豆

【作物名称】扁豆 *Lablab purpureus* (Linn.) Sweet
【作物类别】粮食作物
【分　　类】豆科扁豆属
【采集地点】马鞍山市和县
【采集编号】2019342058

## 【特征特性】

　　植株蔓生，无限结荚习性，生长势强。茎紫红色，叶浓绿色，叶脉紫色，叶片大小中等偏大。花序红色，花序长 19~24 cm，花紫红色。鲜豆荚镰刀形，嫩荚亮紫色，荚长 7~9 cm，荚宽 2~3 cm，荚厚 0.8~1.0 cm，单荚籽粒数 3~5 粒，成熟后籽粒呈椭圆形，种皮黑色，脐白色、光滑，百粒重 37.9 g。单株荚数 110~160 个，单荚鲜重 7~9 g，单株鲜荚产量 0.9~1.2 kg。抗病能力强。

# 和 县 白 扁 豆

【作物名称】扁豆 *Lablab purpureus* (Linn.) Sweet
【作物类别】粮食作物
【分　　类】豆科扁豆属
【采集地点】马鞍山市和县
【采集编号】P340523010

【特征特性】

　　植株蔓生，无限结荚习性，生长势强。茎绿色，叶绿色，叶脉浅绿色，叶片大小中等。花序绿色，花序长 15~20 cm，花白色。鲜豆荚猪耳朵形，嫩荚青白色，缝线绿色，荚长 6~8 cm，荚宽 2~3 cm，荚厚 0.8~1.0 cm，单荚籽粒数 2~3 粒，成熟后籽粒呈椭圆形，种皮红褐色，脐白色、光滑，百粒重 45.3 g。单株荚数 80~110 个，单荚鲜重 5~9 g，单株鲜荚产量 0.5~0.8 kg。口感较好。

# 砀山气眉豆

【作物名称】扁豆 *Lablab purpureus* (Linn.) Sweet
【作物类别】粮食作物
【分　　类】豆科扁豆属
【采集地点】宿州市砀山县
【采集编号】P341321017

**【特征特性】**

　　植株蔓生，无限结荚习性，生长势强。茎绿色，叶浓绿色，叶脉白色，叶片大小中等。花序浅绿色，花序长 17~22 cm，花白色。鲜豆荚镰刀形，嫩荚青白色，荚长 9~11 cm，荚宽 2~3 cm，荚厚 0.7~0.9 cm，单荚籽粒数 4~6 粒，成熟后籽粒呈圆形，部分椭圆形，种皮红棕色，脐白色、光滑，百粒重 37.6 g。单株荚数 100~150 个，单荚鲜重 6~9 g，单株鲜荚产量 0.7~1.1 kg。口感好。

# 萧县青扁豆

【作物名称】扁豆 *Lablab purpureus* (Linn.) Sweet
【作物类别】粮食作物
【分　　类】豆科扁豆属
【采集地点】宿州市萧县
【采集编号】2020345101

## 【特征特性】

植株蔓生，无限结荚习性，生长势强。茎绿色，叶绿色，叶脉白色，叶片大小中等偏大。花序浅绿色，花序长 11~16 cm，花白色。鲜豆荚猪耳朵形，嫩荚青白色，缝线暗青色，荚长 8~12 cm，荚宽 3~4 cm，荚厚 0.7~0.9 cm，单荚籽粒数 5~7 粒，成熟后籽粒呈椭圆形，种皮棕褐色，脐白色、光滑，百粒重 49.5 g。单株荚数 50~100 个，单荚鲜重 12~15 g，单株鲜荚产量 0.7~1.2 kg。抗病能力强，口感较好。

# 萧县紫扁豆

【作物名称】扁豆 *Lablab purpureus* (Linn.) Sweet

【作物类别】粮食作物

【分　　类】豆科扁豆属

【采集地点】宿州市萧县

【采集编号】2020345128

## 【特征特性】

　　植株蔓生，无限结荚习性，生长势强。茎紫色，叶浓绿色，叶脉紫色，叶片大小中等。花序紫红色，花序长 10~15 cm，花紫色。鲜豆荚镰刀形，嫩荚亮紫红色，荚长 6~8 cm，荚宽 2~3 cm，荚厚 0.8~1.0 cm，单荚籽粒数 4~6 粒，成熟后籽粒呈椭圆形，种皮棕黑色，脐白色、光滑度中等，百粒重 44.9 g。单株荚数 80~130 个，单荚鲜重 7~10 g，单株鲜荚产量 0.7~1.1 kg。抗病能力强。

# 郭 庄 紫 花 青 扁 豆

【作物名称】扁豆 *Lablab purpureus* (Linn.) Sweet
【作物类别】粮食作物
【分　　类】豆科扁豆属
【采集地点】宿州市萧县
【采集编号】2020345131

## 【特征特性】

　　植株蔓生，无限结荚习性，生长势强。茎绿色，叶绿色，叶脉白色，叶片大小中等。花序浅绿色，花序长 16~21 cm，花白色。鲜豆荚长镰刀形，嫩荚青白色，荚长 8~11 cm，荚宽 2~3 cm，荚厚 0.6~0.8 cm，单荚籽粒数 5~7 粒，成熟后籽粒呈椭圆形，种皮黑色，脐白色、光滑，百粒重 50.6 g。单株荚数 150~180 个，单荚鲜重 5~7 g，单株鲜荚产量 0.8~1.0 kg。抗病能力强，口感较好。

# 东 张 眉 豆

【作物名称】扁豆 *Lablab purpureus* (Linn.) Sweet
【作物类别】粮食作物
【分　　类】豆科扁豆属
【采集地点】宿州市埇桥区
【采集编号】2022341302007

## 【特征特性】

植株蔓生，无限结荚习性，生长势强。茎绿色，叶浓绿色，叶脉白色，叶片大小中等。花序浅绿色，花序长 18~23 cm，花白色。鲜豆荚棍形或长镰刀形，嫩荚青白色，荚长 7~11 cm，荚宽 1~2 cm，荚厚 0.8~1.1 cm，单荚籽粒数 3~5 粒，成熟后籽粒呈楔形，种皮红褐色，脐白色、光滑，百粒重 43.8 g。单株荚数 180~220 个，单荚鲜重 5~9 g，单株鲜荚产量 1.1~1.6 kg。抗性强，产量高，肉质厚。

# 清 水 眉 豆

【作物名称】扁豆 *Lablab purpureus* (Linn.) Sweet

【作物类别】粮食作物

【分　　类】豆科扁豆属

【采集地点】宿州市埇桥区

【采集编号】2022341302035

【特征特性】

　　植株蔓生，无限结荚习性，生长势强。茎绿色，叶浓绿色，叶脉白色，叶片大小中等。花序浅绿色，花序长 19~24 cm，花紫色。鲜豆荚镰刀形，嫩荚青色，缝线淡紫色，荚长 8~10 cm，荚宽 2~3 cm，荚厚 0.8~1.0 cm，单荚籽粒数 3~5 粒，成熟后籽粒呈椭圆形，种皮黑色，脐白色、光滑度中等，百粒重 44.0 g。单株荚数 180~220 个，单荚鲜重 7~11 g，单株鲜荚产量 1.5~1.9 kg。抗性强，产量高，肉质厚，口感好。

# 铜官扁豆

【作物名称】扁豆 *Lablab purpureus* (Linn.) Sweet
【作物类别】粮食作物
【分　　类】豆科扁豆属
【采集地点】铜陵市铜官区
【采集编号】P340705015

## 【特征特性】

　　植株蔓生，无限结荚习性，生长势强。茎绿色，叶浓绿色，叶脉白色，叶片大小中等。花序浅绿色，花序长 22~27 cm，花紫红色。鲜豆荚镰刀形，嫩荚青白色，荚长 7~10 cm，荚宽 2~3 cm，荚厚 0.6~0.8 cm，单荚籽粒数 5~7 粒，成熟后籽粒呈椭圆形，种皮黑褐色，脐白色、光滑，百粒重 47.7 g。单株荚数 100~150 个，单荚鲜重 8~11 g，单株鲜荚产量 0.9~1.3 kg。口感较好。

# 义安红边扁豆

【作物名称】扁豆 *Lablab purpureus* (Linn.) Sweet
【作物类别】粮食作物
【分　　类】豆科扁豆属
【采集地点】铜陵市义安区
【采集编号】2019344172

## 【特征特性】

　　植株蔓生，无限结荚习性，生长势强。茎红色，叶绿色，叶脉绿色，叶片大小中等。花序红色，花序长15~20 cm，花紫红色。鲜豆荚镰刀形，嫩荚青白带沙红色，缝线紫红色，荚长10~13 cm，荚宽2~3 cm，荚厚0.5~0.8 cm，单荚籽粒数3~5粒，成熟后籽粒呈椭圆形，种皮黑色、伴有浅褐花纹，脐白色、光滑，百粒重37.1 g。单株荚数180~220个，单荚鲜重6~9 g，单株鲜荚产量1.3~1.6 kg。产量高。

# 义 安 紫 扁 豆

【作物名称】扁豆 *Lablab purpureus* (Linn.) Sweet

【作物类别】粮食作物

【分　　类】豆科扁豆属

【采集地点】铜陵市义安区

【采集编号】P340706034

## 【特征特性】

植株蔓生，无限结荚习性，生长势强。茎紫色，叶浓绿色，叶脉紫色，叶片大小中等。花序紫红色，花序长 14~19 cm，花紫红色。鲜豆荚镰刀形，嫩荚亮紫色，荚长 9~11 cm，荚宽 2~3 cm，荚厚 0.8~1.0 cm，单荚籽粒数 3~5 粒，成熟后籽粒呈椭圆形，种皮黑褐色，脐白色、光滑度中等，百粒重 44.7 g。单株荚数 150~200 个，单荚鲜重 7~10 g，单株鲜荚产量 1.3~1.6 kg。产量高，抗病能力强。

# 繁昌红边扁豆

【作物名称】扁豆 *Lablab purpureus* (Linn.) Sweet

【作物类别】粮食作物

【分　　类】豆科扁豆属

【采集地点】芜湖市繁昌区

【采集编号】P340223542

## 【特征特性】

　　植株蔓生，无限结荚习性，生长势强。茎红色，叶绿色，叶脉浅绿色，叶片大小中等。花序红色，花序长 20~25 cm，花紫红色。鲜豆荚镰刀形，嫩荚青白带沙红色，缝线紫红色，荚长 11~13 cm，荚宽 2~3 cm，荚厚 0.7~0.9 cm，单荚籽粒数 3~5 粒，成熟后籽粒呈椭圆形，种皮黑色，脐白色、光滑，百粒重 37.8 g。单株荚数 180~220 个，单荚鲜重 8~12 g，一般单株鲜荚产量 1.8~2.1 kg。产量高，口感好。

# 南 陵 红 扁 豆

【作物名称】扁豆 *Lablab purpureus* (Linn.) Sweet

【作物类别】粮食作物

【分　　类】豆科扁豆属

【采集地点】芜湖市南陵县

【采集编号】2020341050

## 【特征特性】

　　植株蔓生，无限结荚习性，生长势强。茎红色，叶绿色，叶脉红色，叶片大小中等。花序红色，花序长 15~20 cm，花紫红色。鲜豆荚猪耳朵形，嫩荚亮红色，荚长 5~7cm，荚宽 2~3 cm，荚厚 0.8~1.0 cm，单荚籽粒数 3~5 粒，成熟后籽粒呈椭圆形，种皮黑色，脐白色、光滑，百粒重 42.3 g。单株荚数 180~220 个，单荚鲜重 7~10 g，单株鲜荚产量 1.4~1.7 kg。产量高，抗病能力强。

# 南陵青扁豆

【作物名称】扁豆 *Lablab purpureus* (Linn.) Sweet
【作物类别】粮食作物
【分　　类】豆科扁豆属
【采集地点】芜湖市南陵县
【采集编号】2020341062

## 【特征特性】

　　植株蔓生，无限结荚习性，生长势强。茎绿色，叶浓绿色，叶脉浅绿色，叶片大小中等偏小。花序浅绿色，花序长 15~20 cm，花紫红色。鲜豆荚镰刀形，嫩荚青白色，荚长 7~9 cm，荚宽 2~3 cm，荚厚 0.7~0.9 cm，单荚籽粒数 4~6 粒，成熟后籽粒呈椭圆形，种皮黑色，脐白色、光滑，百粒重 49.9 g。单株荚数 150~180 个，单荚鲜重 7~10 g，单株鲜荚产量 1.3~1.5 kg。产量高，抗病能力强，口感较好。

# 紫花青扁豆

【作物名称】扁豆 *Lablab purpureus* (Linn.) Sweet

【作物类别】粮食作物

【分　　类】豆科扁豆属

【采集地点】芜湖市南陵县

【采集编号】2020341075

## 【特征特性】

植株蔓生，无限结荚习性，生长势强。茎绿色带紫，叶绿色，叶脉白色，叶片大小中等偏小。花序浅绿色，无花序或极短花序，花紫色。鲜豆荚镰刀形，嫩荚青白色，荚长 8~10 cm，荚宽 2~3 cm，荚厚 0.7~0.9 cm，单荚籽粒数 4~6 粒，成熟后籽粒呈椭圆形，种皮黑色，脐白色，光滑，百粒重 29.4 g。单株荚数 150~180 个，单荚鲜重 6~9 g，单株鲜荚产量 1.1~1.3 kg。抗病能力强，口感较好。

# 白花青扁豆

【作物名称】扁豆 *Lablab purpureus* (Linn.) Sweet
【作物类别】粮食作物
【分　　类】豆科扁豆属
【采集地点】芜湖市南陵县
【采集编号】2020341100

## 【特征特性】

植株蔓生，无限结荚习性，生长势强。茎绿色，叶绿色，叶脉白色，叶片大小中等。花序浅绿色，花序长 12~17 cm，花白色。鲜豆荚镰刀形，嫩荚青白色，荚长 10~12 cm，荚宽 2~3 cm，荚厚 0.7~0.9 cm，单荚籽粒数 4~6 粒，成熟后籽粒呈长扁椭圆形，种皮红棕色，脐白色、光滑，百粒重 55.5 g。单株荚数 180~220 个，单荚鲜重 8~11 g，单株鲜荚产量 1.7~1.9 kg。产量高，抗病能力强，口感较好。

# 三 山 红 扁 豆

【作物名称】扁豆 *Lablab purpureus* (Linn.) Sweet
【作物类别】粮食作物
【分　　类】豆科扁豆属
【采集地点】芜湖市三山区
【采集编号】P340208012

## 【特征特性】

　　植株蔓生，无限结荚习性，生长势强。茎红色，叶浓绿色，叶脉浅绿色，叶片大小中等偏大。花序红色，花序长 28~33 cm，花紫色。鲜豆荚镰刀形，嫩荚沙红色，缝线暗红色，荚长 8~12 cm，荚宽 2~3 cm，荚厚 0.8~1.0 cm，单荚籽粒数 4~6 粒，成熟后籽粒呈椭圆形，种皮黑色、多数有棕色花纹，脐白色、光滑，百粒重 44.6 g。单株荚数 180~220 个，单荚鲜重 7~10 g，单株鲜荚产量 1.6~1.8 kg。产量高，抗病能力强。

# 广德紫扁豆

【作物名称】扁豆 *Lablab purpureus* (Linn.) Sweet

【作物类别】粮食作物

【分　　类】豆科扁豆属

【采集地点】宣城市广德市

【采集编号】P341882005

## 【特征特性】

　　植株蔓生，无限结荚习性，生长势强。茎紫红色，叶浓绿色，叶脉紫色，叶片大小中等。花序紫红色，花序长 18~23 cm，花紫红色。鲜豆荚镰刀形，嫩荚亮紫色，荚长 8~12 cm，荚宽 2~3 cm，荚厚 0.8~1.0 cm，单荚籽粒数 4~6 粒，成熟后籽粒呈圆形，种皮黑色，脐白色、光滑，百粒重 36.4 g。单株荚数 100~150 个，单荚鲜重 7~10 g，单株鲜荚产量 0.9~1.2 kg。抗病能力强。

# 皖 南 红 边 扁 豆

【作物名称】扁豆 *Lablab purpureus* (Linn.) Sweet
【作物类别】粮食作物
【分　　类】豆科扁豆属
【采集地点】宣城市广德市
【采集编号】P341882036

## 【特征特性】

　　植株蔓生，无限结荚习性，生长势强。茎紫红色，叶浓绿色，叶脉浅绿色，叶片大小中等偏小。花序红色，花序长 18~23 cm，花紫红色。鲜豆荚镰刀形，嫩荚青白带沙红色，缝线紫红色，荚长 6~8 cm，荚宽 1~2 cm，荚厚 0.7~0.9 cm，单荚籽粒数 4~6 粒，成熟后籽粒呈椭圆形，种皮黑色，脐白色、光滑度中等，百粒重 36.2 g。单株荚数 180~220 个，单荚鲜重 6~9 g，一般单株鲜荚产量 1.3~1.9 kg。产量高，口感好。

# 长 安 白 扁 豆

【作物名称】扁豆 *Lablab purpureus* (Linn.) Sweet
【作物类别】粮食作物
【分　　类】豆科扁豆属
【采集地点】宣城市绩溪县
【采集编号】2023341824001

## 【特征特性】

　　植株蔓生，无限结荚习性，生长势强。茎绿色，叶浓绿色，叶脉绿色，叶片大小中等偏大。花序浅绿色，花序长 13~18 cm，花白色。鲜豆荚猪耳朵形，嫩荚青白色，荚长 7~9 cm，荚宽 2~3 cm，荚厚 0.7~0.9 cm，单荚籽粒数 3~5 粒，成熟后籽粒呈长椭圆形，种皮浅黄色，脐白色、光滑，百粒重 35.3 g。单株荚数 180~220 个，单荚鲜重 6~9 g，单株鲜荚产量 1.3~1.6 kg。产量高，口感较好。

# 泾县早眉豆

【作物名称】扁豆 *Lablab purpureus* (Linn.) Sweet
【作物类别】粮食作物
【分　　类】豆科扁豆属
【采集地点】宣城市泾县
【采集编号】P342529061

## 【特征特性】

植株蔓生，无限结荚习性，生长势强。茎绿色，叶绿色，叶脉白色，叶片大小中等。花序浅绿色，花序长 14~19 cm，花紫红色。鲜豆荚镰刀形，嫩荚青白色，荚长 7~9 cm，荚宽 2~3 cm，荚厚 0.8~1.0 cm，单荚籽粒数 5~7 粒，成熟后籽粒呈椭圆形，种皮黑色，脐白色、光滑，百粒重 34.4 g。单株荚数 150~180 个，单荚鲜重 5~7 g，单株鲜荚产量 0.9~1.0 kg。抗性强，肉质厚，口感好。

# 蟠 龙 红 花 扁 豆

【作物名称】扁豆 *Lablab purpureus* (Linn.) Sweet

【作物类别】粮食作物

【分　　类】豆科扁豆属

【采集地点】宣城市宁国市

【采集编号】2021345219

## 【特征特性】

　　植株蔓生，无限结荚习性，生长势强。茎紫红色，叶绿色，叶脉绿色，叶片大小中等。花序红色，花序长 21~26 cm，花紫红色。鲜豆荚镰刀形，嫩荚青白带沙红色，缝线红色，荚长 8~10 cm，荚宽 2~3 cm，荚厚 0.8~1.0 cm，单荚籽粒数 4~6 粒，成熟后籽粒呈椭圆形，种皮黑色，脐白色、光滑，百粒重 46.2 g。单株荚数 180~220 个，单荚鲜重 8~11 g，一般单株鲜荚产量 1.6~1.9 kg。产量高，口感好。

# 水 阳 紫 扁 豆

【作物名称】扁豆 *Lablab purpureus* (Linn.) Sweet
【作物类别】粮食作物
【分　　类】豆科扁豆属
【采集地点】宣城市宣州区
【采集编号】P341802056

## 【特征特性】

　　植株蔓生，无限结荚习性，生长势强。茎紫红色，叶浓绿色，叶脉紫色，叶片大小中等。花序红色，花序长 11~16 cm，花粉红色。鲜豆镰刀形，嫩荚亮红色，荚长 8~10 cm，荚宽 2~3 cm，荚厚 0.7~0.9 cm，单荚籽粒数 4~6 粒，成熟后籽粒呈椭圆形，种皮黑色，脐白色、光滑，百粒重 42.9 g。单株荚数 180~220 个，单荚鲜重 5~7 g，单株鲜荚产量 1.1~1.3 kg。抗病能力强。

豇

豆

# 水 吼 饭 豆

【作物名称】豇豆 *Vigna unguiculata* (Linn.) Walp.

【作物类别】粮食作物

【分　　类】豆科豇豆属

【采集地点】安庆市潜山县

【采集编号】P340824030

## 【特征特性】

　　春播全生育期 156 天，植株蔓生，无限结荚习性，主蔓长 443 cm，茎绿色，叶卵菱形、深绿色，叶缘全缘，花紫色。成熟荚圆筒形、黄橙色，硬荚，荚长 16.9 cm，荚宽 1.0 cm，单荚重 4.1 g，单荚粒数 14.4 粒，籽粒矩圆形、红色，百粒重 22.2 g。

# 塔畈饭豆

【作物名称】豇豆 *Vigna unguiculata* (Linn.) Walp.
【作物类别】粮食作物
【分　　类】豆科豇豆属
【采集地点】安庆市潜山县
【采集编号】P340824074

【特征特性】

　　春播全生育期 153 天，植株蔓生，无限结荚习性，主蔓长 425 cm，茎绿色，叶卵菱形、深绿色，叶缘全缘，花紫色。成熟荚圆筒形、黄橙色，硬荚，荚长 17.0 cm，荚宽 1.0 cm，单荚重 4.2 g，单荚粒数 17.0 粒，籽粒矩圆形、橙色，百粒重 19.2 g。

# 黄 泥 白 饭 豆

【作物名称】豇豆 *Vigna unguiculata* (Linn.) Walp.

【作物类别】粮食作物

【分　　类】豆科豇豆属

【采集地点】安庆市潜山县

【采集编号】P340824108

## 【特征特性】

　　春播全生育期 146 天，植株蔓生，无限结荚习性，主蔓长 410 cm，茎绿色，叶卵菱形、深绿色，叶缘全缘，花白色。成熟荚扁圆条形、黄橙色，硬荚，荚长 18.5 cm，荚宽 1.0 cm，单荚重 3.8 g，单荚粒数 14.6 粒，籽粒椭圆形、白色，百粒重 18.8 g。

# 复 兴 小 黑 豆

【作物名称】豇豆 *Vigna unguiculata* (Linn.) Walp.

【作物类别】粮食作物

【分　　类】豆科豇豆属

【采集地点】安庆市宿松县

【采集编号】P340826013

【特征特性】

　　春播全生育期 145 天，植株蔓生，无限结荚习性，主蔓长 463 cm，茎绿色，叶卵菱形、深绿色，叶缘全缘，花紫色。成熟荚圆筒形、黑褐色，硬荚，荚长 11.8 cm，荚宽 0.6 cm，单荚重 1.0 g，单荚粒数 13.5 粒，籽粒矩圆形、黑色，百粒重 4.8 g。

# 小池白豇豆

【作物名称】豇豆 *Vigna unguiculata* (Linn.) Walp.

【作物类别】粮食作物

【分　　类】豆科豇豆属

【采集地点】安庆市太湖县

【采集编号】2021349022

## 【特征特性】

春播全生育期145天，植株蔓生，无限结荚习性，主蔓长432 cm，茎绿色，叶卵菱形、深绿色，叶缘全缘，花白色。成熟荚弓形、黄橙色，硬荚，荚长17.0 cm，荚宽1.0 cm，单荚重3.4 g，单荚粒数13.4粒，籽粒椭圆形、白色，百粒重17.1 g。

# 罗 溪 豇 豆

【作物名称】豇豆 *Vigna unguiculata* (Linn.) Walp.
【作物类别】粮食作物
【分　　类】豆科豇豆属
【采集地点】安庆市太湖县
【采集编号】2021349048

【特征特性】

春播全生育期 141 天，植株蔓生，无限结荚习性，主蔓长 386 cm，茎绿色，叶卵菱形、深绿色，叶缘全缘，花紫色。成熟荚扁圆条形、黄褐色，硬荚，荚长 18.8 cm，荚宽 1.0 cm，单荚重 3.3 g，单荚粒数 15.5 粒，籽粒椭圆形、红色，百粒重 17.1 g。

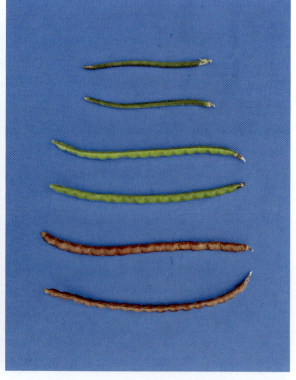

# 徐 桥 豇 豆

【作物名称】豇豆 *Vigna unguiculata* (Linn.) Walp.
【作物类别】粮食作物
【分　　类】豆科豇豆属
【采集地点】安庆市太湖县
【采集编号】2021349123

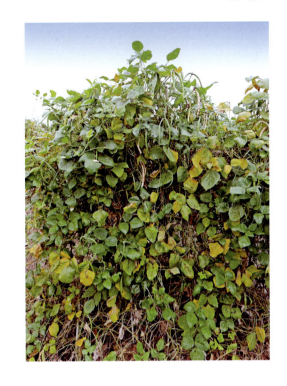

## 【特征特性】

春播全生育期 159 天，植株蔓生，无限结荚习性，主蔓长 443 cm，茎绿色，叶卵菱形、深绿色，叶缘全缘，花紫色。成熟荚圆筒形、黄橙色，硬荚，荚长 20.1 cm，荚宽 1.3 cm，单荚重 5.2 g，单荚粒数 17.1 粒，籽粒近三角形、橙色，百粒重 26.4 g。

# 徐 桥 白 豇 豆

【作物名称】豇豆 *Vigna unguiculata* (Linn.) Walp.
【作物类别】粮食作物
【分　　类】豆科豇豆属
【采集地点】安庆市太湖县
【采集编号】2021349124

【特征特性】

　　春播全生育期134天，植株蔓生，无限结荚习性，主蔓长353 cm，茎绿色，叶长卵菱形、深绿色，叶缘全缘，花白色。成熟荚扁圆条形、黄橙色，硬荚，荚长20.1 cm，荚宽1.0 cm，单荚重3.9 g，单荚粒数14.5粒，籽粒椭圆形、白色，百粒重21.1 g。

# 百 里 饭 豆

【作物名称】豇豆 *Vigna unguiculata* (Linn.) Walp.

【作物类别】粮食作物

【分　　类】豆科豇豆属

【采集地点】安庆市太湖县

【采集编号】P340825031

【特征特性】

　　春播全生育期 151 天，植株蔓生，无限结荚习性，主蔓长 425 cm，茎绿色，叶卵菱形、深绿色，叶缘全缘，花紫色。成熟荚扁圆条形、黄橙色，硬荚，荚长 17.8 cm，荚宽 1.1 cm，单荚重 4.6 g，单荚粒数 15.0 粒，籽粒矩圆形、红色，百粒重 20.2 g。

# 徐桥花豇豆

【作物名称】豇豆 *Vigna unguiculata* (Linn.) Walp.
【作物类别】粮食作物
【分　　类】豆科豇豆属
【采集地点】安庆市太湖县
【采集编号】P340825037

【特征特性】

　　春播全生育期149天，植株蔓生，无限结荚习性，主蔓长472 cm，茎绿色，叶卵菱形、深绿色，叶缘全缘，花紫色。成熟荚圆筒形、黑褐色，硬荚，荚长11.4 cm，荚宽0.6 cm，单荚重1.0 g，单荚粒数13.1粒，籽粒矩圆形、橙底褐花，百粒重5.6 g。

# 徐 桥 野 豇 豆

【作物名称】豇豆 *Vigna unguiculata* (Linn.) Walp.
【作物类别】粮食作物
【分　　类】豆科豇豆属
【采集地点】安庆市太湖县
【采集编号】P340825038

【特征特性】

　　春播全生育期146天，植株蔓生，无限结荚习性，主蔓长430 cm，茎绿色，叶卵菱形、深绿色，叶缘全缘，花紫色。成熟荚弓形、黑褐色，硬荚，荚长10.8 cm，荚宽0.6 cm，单荚重1.1 g，单荚粒数13.5粒，籽粒矩圆形、橙色，百粒重4.8 g。

# 华 阳 豇 豆

【作物名称】豇豆 *Vigna unguiculata* (Linn.) Walp.

【作物类别】粮食作物

【分　　类】豆科豇豆属

【采集地点】安庆市望江县

【采集编号】P340827030

【特征特性】

　　春播全生育期153天，植株蔓生，无限结荚习性，主蔓长441 cm，茎绿色，叶卵菱形、深绿色，叶缘全缘，花紫色。成熟荚扁圆条形、黄橙色，硬荚，荚长18.7 cm，荚宽1.1 cm，单荚重4.9 g，单荚粒数17.1粒，籽粒矩圆形、红色，百粒重21.8 g。

# 华阳红饭豆

【作物名称】豇豆 *Vigna unguiculata* (Linn.) Walp.

【作物类别】粮食作物

【分　　类】豆科豇豆属

【采集地点】安庆市太湖县

【采集编号】P340827033

## 【特征特性】

春播全生育期 150 天，植株蔓生，无限结荚习性，主蔓长 522 cm，茎绿色，叶卵菱形、深绿色，叶缘全缘，花紫色。成熟荚圆筒形、黄褐色，硬荚，荚长 13.1 cm，荚宽 0.6 cm，单荚重 1.3 g，单荚粒数 15.5 粒，籽粒矩圆形、红色，百粒重 7.2 g。

# 望江小黑豆

【作物名称】豇豆 *Vigna unguiculata* (Linn.) Walp.

【作物类别】粮食作物

【分　　类】豆科豇豆属

【采集地点】安庆市望江县

【采集编号】P340827043

【特征特性】

春播全生育期140天，植株蔓生，无限结荚习性，主蔓长445 cm，茎绿色，叶卵菱形、深绿色，叶缘全缘，花紫色。成熟荚圆筒形、黑褐色，硬荚，荚长11.0 cm，荚宽0.6 cm，单荚重1.0 g，单荚粒数12.6粒，籽粒矩圆形、黑色，百粒重5.8 g。

# 天堂野豇豆

【作物名称】豇豆 *Vigna unguiculata* (Linn.) Walp.

【作物类别】粮食作物

【分　　类】豆科豇豆属

【采集地点】安庆市岳西县

【采集编号】2020342150

## 【特征特性】

　　春播全生育期 144 天，植株蔓生，无限结荚习性，主蔓长 421 cm，茎绿色，叶卵菱形、深绿色，叶缘全缘，花紫色。成熟荚弓形、黄褐色，硬荚，荚长 10.7 cm，荚宽 0.6 cm，单荚重 0.9 g，单荚粒数 14.5 粒，籽粒矩圆形、橙色，百粒重 4.5 g。

# 十 八 粒

【作物名称】豇豆 *Vigna unguiculata* (Linn.) Walp.

【作物类别】粮食作物

【分　　类】豆科豇豆属

【采集地点】安庆市岳西县

【采集编号】P340828035

【特征特性】

春播全生育期 152 天，植株蔓生，无限结荚习性，主蔓长 560 cm，茎绿色，叶卵菱形、深绿色，叶缘全缘，花紫色。成熟荚长圆条形、黄白色，硬荚，荚长 35.8 cm，荚宽 1.2 cm，单荚重 6.6 g，单荚粒数 17.5 粒，籽粒肾形、红色，百粒重 23.7 g。

# 温泉黑豇豆

【作物名称】豇豆 *Vigna unguiculata* (Linn.) Walp.
【作物类别】粮食作物
【分　　类】豆科豇豆属
【采集地点】安庆市岳西县
【采集编号】P340828055

## 【特征特性】

　　春播全生育期148天，植株蔓生，无限结荚习性，主蔓长502 cm，茎绿色，叶卵菱形、深绿色，叶缘全缘，花紫色。成熟荚弓形、黑褐色，硬荚，荚长11.1 cm，荚宽0.6 cm，单荚重1.0 g，单荚粒数14.3粒，籽粒矩圆形、黑色，百粒重4.4 g。

# 任 桥 花 豇 豆

【作物名称】豇豆 *Vigna unguiculata* (Linn.) Walp.
【作物类别】粮食作物
【分　　类】豆科豇豆属
【采集地点】蚌埠市固镇县
【采集编号】P340323044

【特征特性】

春播全生育期145天，植株蔓生，无限结荚习性，主蔓长435 cm，茎绿色，叶长卵菱形、深绿色，叶缘全缘，花紫色。成熟荚弓形、黄橙色，硬荚，荚长22.4 cm，荚宽1.0 cm，单荚重3.9 g，单荚粒数12.7粒，籽粒椭圆形、橙底褐花，百粒重22.8 g。

# 任 桥 白 豇 豆

【作物名称】豇豆 *Vigna unguiculata* (Linn.) Walp.
【作物类别】粮食作物
【分　　类】豆科豇豆属
【采集地点】蚌埠市固镇县
【采集编号】P340323045

【特征特性】

　　春播全生育期 157 天，植株蔓生，无限结荚习性，主蔓长 401 cm，茎绿色，叶卵菱形、深绿色，叶缘全缘，花白色。成熟荚扁圆条形、黄橙色，硬荚，荚长 19.0 cm，荚宽 0.9 cm，单荚重 3.5 g，单荚粒数 16.4粒，籽粒椭圆形、白色，百粒重 18.3 g。

# 任 桥 红 豇 豆

【作物名称】豇豆 *Vigna unguiculata* (Linn.) Walp.
【作物类别】粮食作物
【分　　类】豆科豇豆属
【采集地点】蚌埠市固镇县
【采集编号】P340323046

【特征特性】

　　春播全生育期159天，植株蔓生，无限结荚习性，主蔓长492 cm，茎绿色，叶卵菱形、深绿色，叶缘全缘，花紫色。成熟荚弓形、黄橙色，硬荚，荚长17.6 cm，荚宽1.1 cm，单荚重4.2 g，单荚粒数14.1粒，籽粒矩圆形、红色，百粒重21.1 g。

# 任桥饭豆

【作物名称】豇豆 *Vigna unguiculata* (Linn.) Walp.

【作物类别】粮食作物

【分　　类】豆科豇豆属

【采集地点】蚌埠市固镇县

【采集编号】P340323059

【特征特性】

　　春播全生育期 141 天，植株蔓生，无限结荚习性，主蔓长 392 cm，茎绿色，叶卵菱形、深绿色，叶缘全缘，花紫色。成熟荚圆筒形、黑褐色，硬荚，荚长 11.3 cm，荚宽 0.6 cm，单荚重 1.0 g，单荚粒数 14.0 粒，籽粒矩圆形、红色，百粒重 5.3 g。

# 任桥豇豆

【作物名称】豇豆 *Vigna unguiculata* (Linn.) Walp.

【作物类别】粮食作物

【分　　类】豆科豇豆属

【采集地点】蚌埠市固镇县

【采集编号】P340323061

【特征特性】

春播全生育期 142 天，植株蔓生，无限结荚习性，主蔓长 461 cm，茎绿色，叶卵菱形、深绿色，叶缘全缘，花紫色。成熟荚圆筒形、黑褐色，硬荚，荚长 11.8 cm，荚宽 0.6 cm，单荚重 1.2 g，单荚粒数 15.2 粒，籽粒矩圆形、橙色，百粒重 6.3 g。

# 任桥黑豇豆

【作物名称】豇豆 *Vigna unguiculata* (Linn.) Walp.

【作物类别】粮食作物

【分　　类】豆科豇豆属

【采集地点】蚌埠市固镇县

【采集编号】P340323062

## 【特征特性】

　　春播全生育期146天，植株蔓生，无限结荚习性，主蔓长489 cm，茎绿色，叶卵菱形、深绿色，叶缘全缘，花紫色。成熟荚圆筒形、黄色，硬荚，荚长12.8 cm，荚宽0.6 cm，单荚重1.3 g，单荚粒数15.6粒，籽粒矩圆形、黑色，百粒重6.6 g。

# 唐 集 豇 豆

【作物名称】豇豆 *Vigna unguiculata* (Linn.) Walp.
【作物类别】粮食作物
【分　　类】豆科豇豆属
【采集地点】蚌埠市怀远县
【采集编号】P340321044

【特征特性】

　　春播全生育期 142 天，植株蔓生，无限结荚习性，主蔓长 396 cm，茎绿色，叶卵菱形、深绿色，叶缘全缘，花紫色。成熟荚圆筒形、黑褐色，硬荚，荚长 10.6 cm，荚宽 0.6 cm，单荚重 1.0 g，单荚粒数 13.7 粒，籽粒矩圆形、橙色，百粒重 5.9 g。

# 唐 集 红 豇 豆

【作物名称】豇豆 *Vigna unguiculata* (Linn.) Walp.

【作物类别】粮食作物

【分　　类】豆科豇豆属

【采集地点】蚌埠市怀远县

【采集编号】P340321049

## 【特征特性】

春播全生育期141天，植株蔓生，无限结荚习性，主蔓长409 cm，茎绿色，叶卵菱形、深绿色，叶缘全缘，花紫色。成熟荚圆筒形、黄褐色，硬荚，荚长12.3 cm，荚宽0.6 cm，单荚重1.3 g，单荚粒数14.6粒，籽粒矩圆形、红色，百粒重6.9 g。

# 荆山麻豇豆

【作物名称】豇豆 *Vigna unguiculata* (Linn.) Walp.
【作物类别】粮食作物
【分　　类】豆科豇豆属
【采集地点】蚌埠市怀远县
【采集编号】P340321082

【特征特性】

　　春播全生育期157天，植株蔓生，无限结荚习性，主蔓长519 cm，茎绿色，叶卵菱形、深绿色，叶缘全缘，花紫色。成熟荚弓形、黄橙色，硬荚，荚长23.9 cm，荚宽1.1 cm，单荚重4.9 g，单荚粒数15.9粒，籽粒椭圆形、红底褐花，百粒重26.4 g。

# 荆 山 黑 豇 豆

【作物名称】豇豆 *Vigna unguiculata* (Linn.) Walp.

【作物类别】粮食作物

【分　　类】豆科豇豆属

【采集地点】蚌埠市怀远县

【采集编号】P340321083

【特征特性】

春播全生育期 156 天，植株蔓生，无限结荚习性，主蔓长 480 cm，茎绿色，叶卵菱形、深绿色，叶缘全缘、花紫色。成熟荚圆筒形、黑褐色，硬荚，荚长 12.7 cm，荚宽 0.6 cm，单荚重 1.3 g，单荚粒数 15.1 粒，籽粒矩圆形、黑色，百粒重 6.8 g。

# 荆 山 光 皮 豇 豆

【作物名称】豇豆 *Vigna unguiculata* (Linn.) Walp.

【作物类别】粮食作物

【分　　类】豆科豇豆属

【采集地点】蚌埠市怀远县

【采集编号】P340321086

【特征特性】

　　春播全生育期156天，植株蔓生，无限结荚习性，主蔓长452 cm，茎绿色，叶卵菱形、深绿色，叶缘全缘，花紫色。成熟荚圆筒形、黄橙色，硬荚，荚长19.8 cm，荚宽1.1 cm，单荚重5.5 g，单荚粒数16.5粒，籽粒矩圆形、橙色，百粒重24.4 g。

# 临 北 麻 豇 豆

【作物名称】豇豆 *Vigna unguiculata* (Linn.) Walp.

【作物类别】粮食作物

【分　　类】豆科豇豆属

【采集地点】蚌埠市五河县

【采集编号】2019345024

## 【特征特性】

春播全生育期155天，植株蔓生，无限结荚习性，主蔓长424 cm，茎绿色，叶卵圆形、深绿色，叶缘全缘，花紫色。成熟荚弓形、黄橙色，硬荚，荚长24.2 cm，荚宽1.1 cm，单荚重4.5 g，单荚粒数15.6粒，籽粒椭圆形、红底褐花，百粒重20.0 g。

# 朱顶红豇豆

【作物名称】豇豆 *Vigna unguiculata* (Linn.) Walp.

【作物类别】粮食作物

【分　　类】豆科豇豆属

【采集地点】蚌埠市五河县

【采集编号】2019345029

【特征特性】

春播全生育期 158 天，植株蔓生，无限结荚习性，主蔓长 583 cm，茎绿色，叶卵菱形、深绿色，叶缘全缘，花紫色。成熟荚圆筒形、黄橙色，硬荚，荚长 18.9 cm，荚宽 1.0 cm，单荚重 4.9 g，单荚粒数 18.5 粒，籽粒矩圆形、红色，百粒重 22.6 g。

# 朱 顶 白 豇 豆

【作物名称】豇豆 *Vigna unguiculata* (Linn.) Walp.
【作物类别】粮食作物
【分　　类】豆科豇豆属
【采集地点】蚌埠市五河县
【采集编号】2019345033

【特征特性】

　　春播全生育期 156 天，植株蔓生，无限结荚习性，主蔓长 493 cm，茎绿色，叶卵菱形、深绿色，叶缘全缘，花白色。成熟荚扁圆条形、黄橙色，硬荚，荚长 17.7 cm，荚宽 0.9 cm，单荚重 3.4 g，单荚粒数 14.5 粒，籽粒椭圆形、白色，百粒重 19.4 g。

# 武桥野豇豆

【作物名称】豇豆 *Vigna unguiculata* (Linn.) Walp.

【作物类别】粮食作物

【分　　类】豆科豇豆属

【采集地点】蚌埠市五河县

【采集编号】2019345121

【特征特性】

　　春播全生育期139天，植株蔓生，无限结荚习性，主蔓长 426 cm，茎绿色，叶卵菱形、深绿色，叶缘全缘，花紫色。成熟荚圆筒形、黑褐色，硬荚，荚长 11.6 cm，荚宽 0.6 cm，单荚重 1.1 g，单荚粒数 15.0 粒，籽粒矩圆形、橙色，百粒重 6.0 g。

# 武桥红豇豆

【作物名称】豇豆 *Vigna unguiculata* (Linn.) Walp.

【作物类别】粮食作物

【分　　类】豆科豇豆属

【采集地点】蚌埠市五河县

【采集编号】2019345122

## 【特征特性】

　　春播全生育期143天，植株蔓生，无限结荚习性，主蔓长486 cm，茎紫色，叶卵菱形、深绿色，叶缘全缘，花紫色。成熟荚扁圆条形、浅红色，硬荚，荚长15.5 cm，荚宽0.9 cm，单荚重2.7 g，单荚粒数11.6粒，籽粒椭圆形、红色，百粒重15.9 g。

# 武桥麻豇豆

【作物名称】豇豆 *Vigna unguiculata* (Linn.) Walp.

【作物类别】粮食作物

【分　　类】豆科豇豆属

【采集地点】蚌埠市五河县

【采集编号】2019345126

【特征特性】

　　春播全生育期145天，植株蔓生，无限结荚习性，主蔓长412 cm，茎绿色，叶卵菱形、深绿色，叶缘全缘，花紫色。成熟荚弓形、黄橙色，硬荚，荚长22.0 cm，荚宽1.0 cm，单荚重3.6 g，单荚粒数13.4粒，籽粒椭圆形、橙底褐花，百粒重18.8 g。

# 双 庙 豇 豆

【作物名称】豇豆 *Vigna unguiculata* (Linn.) Walp.
【作物类别】粮食作物
【分    类】豆科豇豆属
【采集地点】蚌埠市五河县
【采集编号】2019345150

【特征特性】

春播全生育期 156 天，植株蔓生，无限结荚习性，主蔓长 432 cm，茎绿色，叶卵菱形、深绿色，叶缘全缘，花紫色。成熟荚圆筒形、黄橙色，硬荚，荚长 19.3 cm，荚宽 1.1 cm，单荚重 5.2 g，单荚粒数 17.1 粒，籽粒矩圆形、橙色，百粒重 24.8 g。

# 双庙黑豇豆

【作物名称】豇豆 *Vigna unguiculata* (Linn.) Walp.
【作物类别】粮食作物
【分　　类】豆科豇豆属
【采集地点】蚌埠市五河县
【采集编号】P340322110

【特征特性】

　　春播全生育期 128 天，植株蔓生，无限结荚习性，主蔓长 287 cm，茎绿色，叶长卵菱形、深绿色，叶缘全缘，花紫色。成熟荚弓形、黄橙色，硬荚，荚长 22.5 cm，荚宽 0.9 cm，单荚重 3.2 g，单荚粒数 14.3 粒，籽粒椭圆形、黑色，百粒重 11.6 g。

# 赵 庄 红 豇 豆

【作物名称】豇豆 *Vigna unguiculata* (Linn.) Walp.
【作物类别】粮食作物
【分　　类】豆科豇豆属
【采集地点】蚌埠市五河县
【采集编号】P340322118

## 【特征特性】

　　春播全生育期 139 天，植株蔓生，无限结荚习性，主蔓长 449 cm，茎绿色，叶卵菱形、深绿色，叶缘全缘，花紫色。成熟荚圆筒形、黑褐色，硬荚，荚长 11.5 cm，荚宽 0.6 cm，单荚重 1.2 g，单荚粒数 15.6 粒，籽粒矩圆形、红色，百粒重 6.3 g。

# 浍南黑豇豆

【作物名称】豇豆 *Vigna unguiculata* (Linn.) Walp.

【作物类别】粮食作物

【分　　类】豆科豇豆属

【采集地点】蚌埠市五河县

【采集编号】P340322175

【特征特性】

春播全生育期 156 天，植株蔓生，无限结荚习性，主蔓长 458 cm，茎绿色，叶卵菱形、深绿色，叶缘全缘，花紫色。成熟荚圆筒形、黑褐色，硬荚，荚长 13.0 cm，荚宽 0.6 cm，单荚重 1.1 g，单荚粒数 14.5 粒，籽粒矩圆形、黑色，百粒重 6.4 g。

# 头铺麻豇豆

【作物名称】豇豆 *Vigna unguiculata* (Linn.) Walp.
【作物类别】粮食作物
【分　　类】豆科豇豆属
【采集地点】蚌埠市五河县
【采集编号】P340322666

【特征特性】

　　春播全生育期146天，植株蔓生，无限结荚习性，主蔓长425 cm，茎绿色，叶卵菱形、深绿色，叶缘全缘，花紫色。成熟荚弓形、黄橙色，硬荚，荚长20.4 cm，荚宽0.9 cm，单荚重3.9 g，单荚粒数12.7粒，籽粒椭圆形、红底褐花，百粒重24.1 g。

# 城关红豇豆

【作物名称】豇豆 *Vigna unguiculata* (Linn.) Walp.
【作物类别】粮食作物
【分　　类】豆科豇豆属
【采集地点】亳州市利辛县
【采集编号】P341623005

【特征特性】

春播全生育期147天，植株蔓生，无限结荚习性，主蔓长437 cm，茎绿色，叶卵菱形、深绿色，叶缘全缘，花紫色。成熟荚圆筒形、黑褐色，硬荚，荚长11.7 cm，荚宽0.6 cm，单荚重1.5 g，单荚粒数14.0粒，籽粒矩圆形、红色，百粒重7.9 g。

# 城 关 黑 豇 豆

【作物名称】豇豆 *Vigna unguiculata* (Linn.) Walp.

【作物类别】粮食作物

【分　　类】豆科豇豆属

【采集地点】亳州市利辛县

【采集编号】P341623006

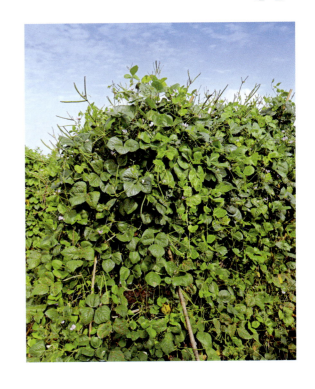

## 【特征特性】

春播全生育期 144 天，植株蔓生，无限结荚习性，主蔓长 423 cm，茎绿色，叶卵菱形、深绿色，叶缘全缘，花紫色。成熟荚圆筒形、黑褐色，硬荚，荚长 11.3 cm，荚宽 0.6 cm，单荚重 0.9 g，单荚粒数 13.3 粒，籽粒矩圆形、黑色，百粒重 4.6 g。

# 王市豇豆

【作物名称】豇豆 *Vigna unguiculata* (Linn.) Walp.
【作物类别】粮食作物
【分　　类】豆科豇豆属
【采集地点】亳州市利辛县
【采集编号】P341623031

【特征特性】

　　春播全生育期152天，植株蔓生，无限结荚习性，主蔓长523 cm，茎绿色，叶卵菱形、深绿色，叶缘全缘，花紫色。成熟荚圆筒形、黄橙色，硬荚，荚长18.9 cm，荚宽1.1 cm，单荚重5.1 g，单荚粒数18.0粒，籽粒矩圆形、橙色，百粒重23.0 g。

# 漆园黑豇豆

【作物名称】豇豆 *Vigna unguiculata* (Linn.) Walp.

【作物类别】粮食作物

【分　　类】豆科豇豆属

【采集地点】亳州市蒙城县

【采集编号】P341622011

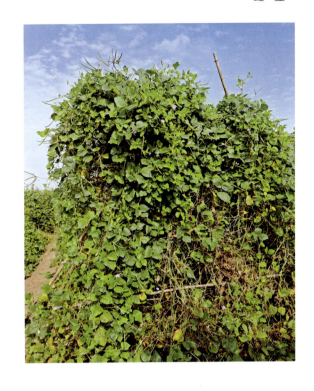

## 【特征特性】

　　春播全生育期142天，植株蔓生，无限结荚习性，主蔓长445 cm，茎绿色，叶卵菱形、深绿色，叶缘全缘，花紫色。成熟荚弓形、黑褐色，硬荚，荚长12.4 cm，荚宽0.6 cm，单荚重1.1 g，单荚粒数15.1粒，籽粒矩圆形、黑色，百粒重5.7 g。

# 板 桥 豇 豆

【作物名称】豇豆 *Vigna unguiculata* (Linn.) Walp.

【作物类别】粮食作物

【分　　类】豆科豇豆属

【采集地点】亳州市蒙城县

【采集编号】P341622012

【特征特性】

春播全生育期 133 天，植株蔓生，无限结荚习性，主蔓长 415 cm，茎绿色，叶披针形、深绿色，叶缘浅裂，花紫色。成熟荚圆筒形、黄橙色，硬荚，荚长 17.3 cm，荚宽 1.2 cm，单荚重 5.1 g，单荚粒数 13.2 粒，籽粒近三角形、橙色，百粒重 26.8 g。

# 小 涧 饭 豆

【作物名称】豇豆 *Vigna unguiculata* (Linn.) Walp.

【作物类别】粮食作物

【分　　类】豆科豇豆属

【采集地点】亳州市蒙城县

【采集编号】P341622021

## 【特征特性】

春播全生育期 144 天，植株蔓生，无限结荚习性，主蔓长 591 cm，茎绿色，叶卵菱形、深绿色，叶缘全缘，花紫色。成熟荚圆筒形、黑褐色，硬荚，荚长 10.9 cm，荚宽 0.6 cm，单荚重 1.1 g，单荚粒数 12.5 粒，籽粒矩圆形、红色，百粒重 6.3 g。

# 小涧豇豆

【作物名称】豇豆 *Vigna unguiculata* (Linn.) Walp.

【作物类别】粮食作物

【分　　类】豆科豇豆属

【采集地点】亳州市蒙城县

【采集编号】P341622022

【特征特性】

　　春播全生育期144天，植株蔓生，无限结荚习性，主蔓长434 cm，茎绿色，叶卵菱形、深绿色，叶缘全缘，花紫色。成熟荚弓形、黑褐色，硬荚，荚长11.3 cm，荚宽0.6 cm，单荚重1.2 g，单荚粒数13.3粒，籽粒矩圆形、橙色，百粒重6.2 g。

# 大 杨 豇 豆

【作物名称】豇豆 *Vigna unguiculata* (Linn.) Walp.
【作物类别】粮食作物
【分　　类】豆科豇豆属
【采集地点】亳州市谯城区
【采集编号】2021342503

## 【特征特性】

春播全生育期 132 天，植株蔓生，无限结荚习性，主蔓长 334 cm，茎绿色，叶长卵菱形、深绿色，叶缘全缘，花紫色。成熟荚圆筒形、黄橙色，硬荚，荚长 18.5 cm，荚宽 1.3 cm，单荚重 6.2 g，单荚粒数 15.7 粒，籽粒近三角形、橙色，百粒重 34.0 g。

# 大杨麻豇豆

【作物名称】豇豆 *Vigna unguiculata* (Linn.) Walp.

【作物类别】粮食作物

【分　　类】豆科豇豆属

【采集地点】亳州市谯城区

【采集编号】2021342517

【特征特性】

　　春播全生育期145天，植株蔓生，无限结荚习性，主蔓长368 cm，茎绿色，叶卵菱形、深绿色，叶缘全缘，花紫色。成熟荚扁圆条形、黄橙色，硬荚，荚长21.4 cm，荚宽1.1 cm，单荚重5.0 g，单荚粒数15.5粒，籽粒椭圆形、橙底紫花，百粒重27.1 g。

# 观堂黑豇豆

【作物名称】豇豆 *Vigna unguiculata* (Linn.) Walp.
【作物类别】粮食作物
【分　　类】豆科豇豆属
【采集地点】亳州市谯城区
【采集编号】2021342582

## 【特征特性】

春播全生育期 145 天，植株蔓生，无限结荚习性，主蔓长 445 cm，茎绿色，叶卵菱形、深绿色，叶缘全缘，花紫色。成熟荚圆筒形、黑褐色，硬荚，荚长 12.2 cm，荚宽 0.6 cm，单荚重 1.2 g，单荚粒数 13.7 粒，籽粒矩圆形、黑色，百粒重 5.8 g。

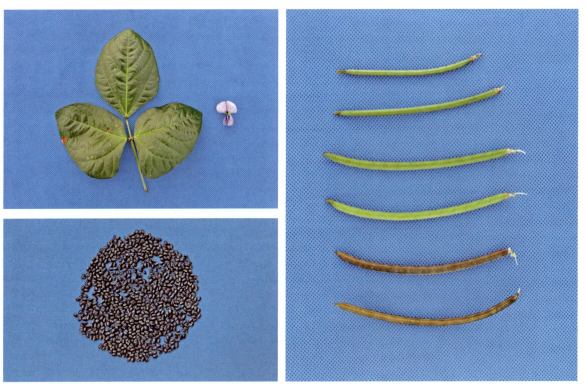

# 魏岗豇豆

【作物名称】豇豆 *Vigna unguiculata* (Linn.) Walp.
【作物类别】粮食作物
【分　　类】豆科豇豆属
【采集地点】亳州市谯城区
【采集编号】2021342585

【特征特性】

春播全生育期138天，植株蔓生，无限结荚习性，主蔓长415 cm，茎绿色，叶长卵菱形、深绿色，叶缘全缘，花紫色。成熟荚圆筒形、黄橙色，硬荚，荚长15.3 cm，荚宽1.3 cm，单荚重5.8 g，单荚粒数13.0粒，籽粒矩圆形、橙色，百粒重35.9 g。

# 龙 扬 豇 豆

【作物名称】豇豆 *Vigna unguiculata* (Linn.) Walp.
【作物类别】粮食作物
【分　　类】豆科豇豆属
【采集地点】亳州市谯城区
【采集编号】2021342630

## 【特征特性】

　　春播全生育期 136 天，植株蔓生，无限结荚习性，主蔓长 456 cm，茎绿色，叶长卵菱形、深绿色，叶缘全缘，花紫色。成熟荚圆筒形、黄橙色，硬荚，荚长 19.9 cm，荚宽 1.0 cm，单荚重 6.3 g，单荚粒数 16.5 粒，籽粒近三角形、橙色，百粒重 30.7 g。

# 城 父 豇 豆

【作物名称】豇豆 *Vigna unguiculata* (Linn.) Walp.

【作物类别】粮食作物

【分　　类】豆科豇豆属

【采集地点】亳州市谯城区

【采集编号】2021342650

【特征特性】

　　春播全生育期149天，植株蔓生，无限结荚习性，主蔓长535 cm，茎绿色，叶卵圆形、深绿色，叶缘全缘，花紫色。成熟荚圆筒形、黄橙色，硬荚，荚长17.1 cm，荚宽1.0 cm，单荚重5.2 g，单荚粒数17.1粒，籽粒矩圆形、橙色，百粒重24.3 g。

# 十八里黑豇豆

【作物名称】豇豆 *Vigna unguiculata* (Linn.) Walp.

【作物类别】粮食作物

【分　　类】豆科豇豆属

【采集地点】亳州市谯城区

【采集编号】P341602047

## 【特征特性】

春播全生育期139天，植株蔓生，无限结荚习性，主蔓长550 cm，茎绿色，叶卵菱形、深绿色，叶缘全缘，花紫色。成熟荚弓形、黄色，硬荚，荚长11.5 cm，荚宽0.6 cm，单荚重1.0 g，单荚粒数14.6粒，籽粒矩圆形、黑色，百粒重4.9 g。

# 公吉寺麻豇豆

【作物名称】豇豆 *Vigna unguiculata* (Linn.) Walp.
【作物类别】粮食作物
【分　　类】豆科豇豆属
【采集地点】亳州市涡阳县
【采集编号】2021341015

【特征特性】

　　春播全生育期140天，植株蔓生，无限结荚习性，主蔓长328 cm，茎绿色，叶卵菱形、深绿色，叶缘全缘，花紫色。成熟荚扁圆条形、黄橙色，硬荚，荚长17.1 cm，荚宽1.0 cm，单荚重3.3 g，单荚粒数12.9粒，籽粒矩圆形、橙底褐花，百粒重19.1 g。

# 曹 市 豇 豆

【作物名称】豇豆 *Vigna unguiculata* (Linn.) Walp.

【作物类别】粮食作物

【分　　类】豆科豇豆属

【采集地点】亳州市涡阳县

【采集编号】2021341042

【特征特性】

春播全生育期156天，植株蔓生，无限结荚习性，主蔓长523 cm，茎绿色，叶卵菱形、深绿色，叶缘全缘，花紫色。成熟荚扁圆条形、黄橙色，硬荚，荚长22.5 cm，荚宽1.2 cm，单荚重4.6 g，单荚粒数12.6粒，籽粒椭圆形、橙底紫花，百粒重27.8 g。

# 店 集 豇 豆

【作物名称】豇豆 *Vigna unguiculata* (Linn.) Walp.

【作物类别】粮食作物

【分　　类】豆科豇豆属

【采集地点】亳州市涡阳县

【采集编号】2021341100

## 【特征特性】

春播全生育期155天，植株蔓生，无限结荚习性，主蔓长538 cm，茎绿色，叶卵菱形、深绿色，叶缘全缘，花紫色。成熟荚扁圆条形、黄橙色，硬荚，荚长18.0 cm，荚宽0.8 cm，单荚重2.3 g，单荚粒数14.1粒，籽粒椭圆形、橙底褐花，百粒重12.9 g。

# 公 吉 寺 红 豇 豆

【作物名称】豇豆 *Vigna unguiculata* (Linn.) Walp.
【作物类别】粮食作物
【分 类】豆科豇豆属
【采集地点】亳州市涡阳县
【采集编号】2021341131

【特征特性】

春播全生育期 156 天，植株蔓生，无限结荚习性，主蔓长 566 cm，茎绿色，叶卵菱形、深绿色，叶缘全缘，花紫色。成熟荚圆筒形、黄橙色，硬荚，荚长 18.7 cm，荚宽 1.0 cm，单荚重 5.1 g，单荚粒数 17.6 粒，籽粒矩圆形、红色，百粒重 24.6 g。

# 店 集 猴 头 豇 豆

【作物名称】豇豆 *Vigna unguiculata* (Linn.) Walp.
【作物类别】粮食作物
【分　　类】豆科豇豆属
【采集地点】亳州市涡阳县
【采集编号】2021341133

## 【特征特性】

　　春播全生育期 143 天，植株蔓生，无限结荚习性，主蔓长 412 cm，茎绿色，叶卵圆形、深绿色，叶缘全缘，花紫色。成熟荚圆筒形、黄橙色，硬荚，荚长 18.4 cm，荚宽 1.1 cm，单荚重 4.7 g，单荚粒数 14.9 粒，籽粒矩圆形、橙色，百粒重 25.8 g。

# 义门红豇豆

【作物名称】豇豆 *Vigna unguiculata* (Linn.) Walp.

【作物类别】粮食作物

【分　　类】豆科豇豆属

【采集地点】亳州市涡阳县

【采集编号】P341621008

【特征特性】

　　春播全生育期142天，植株蔓生，无限结荚习性，主蔓长549 cm，茎绿色，叶卵菱形、深绿色，叶缘全缘，花紫色。成熟荚圆筒形、黑褐色，硬荚，荚长11.5 cm，荚宽0.6 cm，单荚重1.1 g，单荚粒数13.6粒，籽粒矩圆形、红色，百粒重6.6 g。

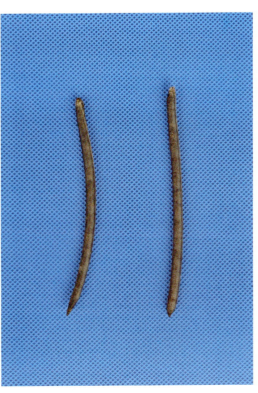

# 胜 利 饭 豆

【作物名称】豇豆 *Vigna unguiculata* (Linn.) Walp.
【作物类别】粮食作物
【分　　类】豆科豇豆属
【采集地点】池州市东至县
【采集编号】P341721027

## 【特征特性】

　　春播全生育期124天，植株蔓生，无限结荚习性，主蔓长345 cm，茎绿色，叶长卵菱形、深绿色，叶缘全缘，花紫色。成熟荚扁圆条形、黄橙色，硬荚，荚长17.7 cm，荚宽0.9 cm，单荚重3.1 g，单荚粒数16.7粒，籽粒椭圆形、红色，百粒重12.1 g。

# 葛公白豇豆

【作物名称】豇豆 *Vigna unguiculata* (Linn.) Walp.

【作物类别】粮食作物

【分　　类】豆科豇豆属

【采集地点】池州市东至县

【采集编号】P341721039

【特征特性】

春播全生育期 145 天，植株蔓生，无限结荚习性，主蔓长 496 cm，茎绿色，叶卵菱形、深绿色，叶缘全缘，花白色。成熟荚扁圆条形、黄橙色，硬荚，荚长 18.9 cm，荚宽 1.0 cm，单荚重 3.6 g，单荚粒数 16.0 粒，籽粒椭圆形、白色，百粒重 16.4 g。

# 梅 龙 饭 豆

【作物名称】豇豆 *Vigna unguiculata* (Linn.) Walp.

【作物类别】粮食作物

【分　　类】豆科豇豆属

【采集地点】池州市贵池区

【采集编号】P341702006

## 【特征特性】

春播全生育期 155 天，植株蔓生，无限结荚习性，主蔓长 529 cm，茎绿色，叶卵菱形、深绿色，叶缘全缘，花紫色。成熟荚圆筒形、黄褐色，硬荚，荚长 13.4 cm，荚宽 1.2 cm，单荚重 1.5 g，单荚粒数 14.6 粒，籽粒矩圆形、红色，百粒重 7.8 g。

# 炉 桥 红 饭 豆

【作物名称】豇豆 *Vigna unguiculata* (Linn.) Walp.

【作物类别】粮食作物

【分　　类】豆科豇豆属

【采集地点】滁州市定远县

【采集编号】P341125002

【特征特性】

春播全生育期 144 天，植株蔓生，无限结荚习性，主蔓长 564 cm，茎绿色，叶卵菱形、深绿色，叶缘全缘，花紫色。成熟荚圆筒形、黑褐色，硬荚，荚长 11.4 cm，荚宽 0.6 cm，单荚重 1.1 g，单荚粒数 14.5 粒，籽粒矩圆形、红色，百粒重 5.7 g。

# 永 康 黑 豇 豆

【作物名称】豇豆 *Vigna unguiculata* (Linn.) Walp.

【作物类别】粮食作物

【分　　类】豆科豇豆属

【采集地点】滁州市定远县

【采集编号】P341125005

## 【特征特性】

春播全生育期145天，植株蔓生，无限结荚习性，主蔓长468 cm，茎绿色，叶卵菱形、深绿色，叶缘全缘，花紫色。成熟荚弓形、黑褐色，硬荚，荚长11.8 cm，荚宽0.6 cm，单荚重1.0 g，单荚粒数15.2粒，籽粒矩圆形、黑色，百粒重5.2 g。

# 炉 桥 花 豇 豆

【作物名称】豇豆 *Vigna unguiculata* (Linn.) Walp.

【作物类别】粮食作物

【分　　类】豆科豇豆属

【采集地点】滁州市定远县

【采集编号】P341125018

【特征特性】

　　春播全生育期 152 天，植株蔓生，无限结荚习性，主蔓长 473 cm，茎绿色，叶卵菱形、深绿色，叶缘全缘，花紫色。成熟荚圆筒形、黄橙色，硬荚，荚长 17.8 cm，荚宽 0.9 cm，单荚重 3.2 g，单荚粒数 14.3 粒，籽粒椭圆形、橙底褐花，百粒重 15.7 g。

# 池 河 饭 豆

【作物名称】豇豆 *Vigna unguiculata* (Linn.) Walp.
【作物类别】粮食作物
【分　　类】豆科豇豆属
【采集地点】滁州市定远县
【采集编号】P341125030

## 【特征特性】

　　春播全生育期 156 天，植株蔓生，无限结荚习性，主蔓长 526 cm，茎绿色，叶卵菱形、深绿色，叶缘全缘，花紫色。成熟荚圆筒形、黄橙色，硬荚，荚长 18.7 cm，荚宽 1.0 cm，单荚重 5.2 g，单荚粒数 17.3 粒，籽粒矩圆形、红色，百粒重 23.8 g。

# 板 桥 黑 豇 豆

【作物名称】豇豆 *Vigna unguiculata* (Linn.) Walp.
【作物类别】粮食作物
【分　　类】豆科豇豆属
【采集地点】滁州市凤阳县
【采集编号】P341126013

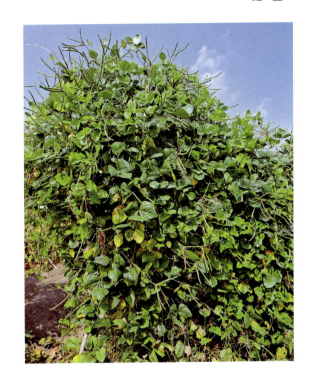

【特征特性】

　　春播全生育期147天，植株蔓生，无限结荚习性，主蔓长424 cm，茎绿色，叶卵菱形、深绿色，叶缘全缘，花紫色。成熟荚弓形、黑褐色，硬荚，荚长11.8 cm，荚宽0.6 cm，单荚重1.0 g，单荚粒数15.7粒，籽粒矩圆形、黑色，百粒重4.8 g。

# 小溪河豇豆

【作物名称】豇豆 *Vigna unguiculata* (Linn.) Walp.

【作物类别】粮食作物

【分　　类】豆科豇豆属

【采集地点】滁州市凤阳县

【采集编号】P341126020

## 【特征特性】

春播全生育期145天，植株蔓生，无限结荚习性，主蔓长382 cm，茎绿色，叶卵菱形、深绿色，叶缘全缘，花紫色。成熟荚弓形、黑褐色，硬荚，荚长12.1 cm，荚宽0.6 cm，单荚重1.2 g，单荚粒数15.0粒，籽粒矩圆形、橙色，百粒重6.0 g。

# 施 官 豇 豆

【作物名称】豇豆 *Vigna unguiculata* (Linn.) Walp.

【作物类别】粮食作物

【分　　类】豆科豇豆属

【采集地点】滁州市来安县

【采集编号】2021348018

【特征特性】

　　春播全生育期 144 天，植株蔓生，无限结荚习性，主蔓长 457 cm，茎绿色，叶卵菱形、深绿色，叶缘全缘，花紫色。成熟荚圆筒形、黄橙色，硬荚，荚长 18.1 cm，荚宽 1.3 cm，单荚重 6.5 g，单荚粒数 14.9 粒，籽粒近三角形、橙色，百粒重 27.0 g。

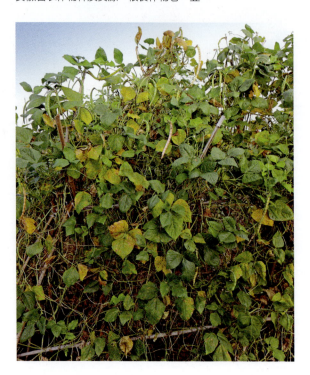

# 邢港豇豆

【作物名称】豇豆 *Vigna unguiculata* (Linn.) Walp.

【作物类别】粮食作物

【分　　类】豆科豇豆属

【采集地点】滁州市来安县

【采集编号】2021348035

【特征特性】

　　春播全生育期 157 天，植株蔓生，无限结荚习性，主蔓长 387 cm，茎绿色，叶卵菱形、深绿色，叶缘全缘，花紫色。成熟荚扁圆条形、黄橙色，硬荚，荚长 19.8 cm，荚宽 1.2 cm，单荚重 5.2 g，单荚粒数 13.2 粒，籽粒近三角形、橙色，百粒重 29.7 g。

# 半 塔 红 豇 豆

【作物名称】豇豆 *Vigna unguiculata* (Linn.) Walp.

【作物类别】粮食作物

【分　　类】豆科豇豆属

【采集地点】滁州市来安县

【采集编号】2021348049

【特征特性】

　　春播全生育期 165 天，植株蔓生，无限结荚习性，主蔓长 551 cm，茎绿色，叶卵菱形、深绿色，叶缘全缘，花紫色。成熟荚圆筒形、黄橙色，硬荚，荚长 17.3 cm，荚宽 1.1 cm，单荚重 4.4 g，单荚粒数 15.8 粒，籽粒矩圆形、红色，百粒重 18.6 g。

# 高 山 豇 豆

【作物名称】豇豆 *Vigna unguiculata* (Linn.) Walp.
【作物类别】粮食作物
【分　　类】豆科豇豆属
【采集地点】滁州市来安县
【采集编号】2021348056

## 【特征特性】

春播全生育期 135 天，植株蔓生，无限结荚习性，主蔓长 413 cm，茎绿色，叶长卵菱形、深绿色，叶缘全缘，花紫色。成熟荚圆筒形、黄橙色，硬荚，荚长 18.4 cm，荚宽 1.4 cm，单荚重 6.8 g，单荚粒数 17.8 粒，籽粒近三角形、橙色，百粒重 29.0 g。

# 红 星 麻 豇 豆

【作物名称】豇豆 *Vigna unguiculata* (Linn.) Walp.

【作物类别】粮食作物

【分　　类】豆科豇豆属

【采集地点】滁州市来安县

【采集编号】2021348061

【特征特性】

春播全生育期155天，植株蔓生，无限结荚习性，主蔓长468 cm，茎绿色，叶卵菱形、深绿色，叶缘全缘，花紫色。成熟荚弓形、黄橙色，硬荚，荚长22.4 cm，荚宽0.9 cm，单荚重4.7 g，单荚粒数16.5粒，籽粒椭圆形、橙底褐花，百粒重21.5 g。

# 高郢麻豇豆

【作物名称】豇豆 *Vigna unguiculata* (Linn.) Walp.
【作物类别】粮食作物
【分　　类】豆科豇豆属
【采集地点】滁州市来安县
【采集编号】2021348067

## 【特征特性】

春播全生育期157天,植株蔓生,无限结荚习性,主蔓长556 cm,茎绿色,叶卵菱形、深绿色,叶缘全缘、花紫色。成熟荚弓形、黄橙色,硬荚,荚长25.5 cm,荚宽1.1 cm,单荚重5.6 g,单荚粒数15.9粒,籽粒椭圆形、红底褐花,百粒重25.3 g。

# 志凡麻豇豆

【作物名称】豇豆 *Vigna unguiculata* (Linn.) Walp.

【作物类别】粮食作物

【分　　类】豆科豇豆属

【采集地点】滁州市来安县

【采集编号】2021348088

【特征特性】

　　春播全生育期147天，植株蔓生，无限结荚习性，主蔓长395 cm，茎绿色，叶卵菱形、深绿色，叶缘全缘，花紫色。成熟荚弓形、黄橙色，硬荚，荚长21.6 cm，荚宽1.0 cm，单荚重5.3 g，单荚粒数17.1粒，籽粒椭圆形、橙底褐花，百粒重24.8 g。

# 张 山 饭 豆

【作物名称】豇豆 *Vigna unguiculata* (Linn.) Walp.
【作物类别】粮食作物
【分　　类】豆科豇豆属
【采集地点】滁州市来安县
【采集编号】2021348103

## 【特征特性】

春播全生育期 162 天，植株蔓生，无限结荚习性，主蔓长 466 cm，茎绿色，叶卵菱形、深绿色，叶缘全缘，花紫色。成熟荚圆筒形、黄橙色，硬荚，荚长 18.5 cm，荚宽 1.1 cm，单荚重 5.0 g，单荚粒数 15.5 粒，籽粒矩圆形、红色，百粒重 23.0 g。

# 张 山 豇 豆

【作物名称】豇豆 *Vigna unguiculata* (Linn.) Walp.

【作物类别】粮食作物

【分　　类】豆科豇豆属

【采集地点】滁州市来安县

【采集编号】2021348108

【特征特性】

　　春播全生育期154天，植株蔓生，无限结荚习性，主蔓长425 cm，茎绿色，叶卵菱形、深绿色，叶缘全缘，花紫色。成熟荚圆筒形、黄橙色，硬荚，荚长19.6 cm，荚宽1.2 cm，单荚重5.5 g，单荚粒数16.2粒，籽粒近三角形、橙色，百粒重28.1 g。

# 张 山 白 豇 豆

【作物名称】豇豆 *Vigna unguiculata* (Linn.) Walp.

【作物类别】粮食作物

【分　　类】豆科豇豆属

【采集地点】滁州市来安县

【采集编号】2021348109

## 【特征特性】

春播全生育期156天，植株蔓生，无限结荚习性，主蔓长398 cm，茎绿色，叶卵菱形、深绿色，叶缘全缘，花白色。成熟荚弓形、黄橙色，硬荚，荚长19.5 cm，荚宽0.9 cm，单荚重3.0 g，单荚粒数15.8粒，籽粒椭圆形、白色，百粒重13.0 g。

# 杨郢豇豆

【作物名称】豇豆 *Vigna unguiculata* (Linn.) Walp.
【作物类别】粮食作物
【分　　类】豆科豇豆属
【采集地点】滁州市来安县
【采集编号】2021348118

【特征特性】

　　春播全生育期149天，植株蔓生，无限结荚习性，主蔓长501 cm，茎绿色，叶长卵菱形、深绿色，叶缘全缘，花紫色。成熟荚扁圆条形、黄橙色，硬荚，荚长 22.9 cm，荚宽 1.2 cm，单荚重 4.9 g，单荚粒数 15.1 粒，籽粒椭圆形、橙底紫花，百粒重 27.1 g。

# 大英饭豆

【作物名称】豇豆 *Vigna unguiculata* (Linn.) Walp.
【作物类别】粮食作物
【分　　类】豆科豇豆属
【采集地点】滁州市来安县
【采集编号】P341122006

## 【特征特性】

春播全生育期 157 天，植株蔓生，无限结荚习性，主蔓长 468 cm，茎绿色，叶卵菱形、深绿色，叶缘全缘，花紫色。成熟荚圆筒形、黄橙色，硬荚，荚长 19.0 cm，荚宽 1.1 cm，单荚重 4.8 g，单荚粒数 16.6 粒，籽粒矩圆形、红色，百粒重 21.5 g。

# 施官黑豇豆

【作物名称】豇豆 *Vigna unguiculata* (Linn.) Walp.

【作物类别】粮食作物

【分　　类】豆科豇豆属

【采集地点】滁州市来安县

【采集编号】P341122017

## 【特征特性】

　　春播全生育期156天，植株蔓生，无限结荚习性，主蔓长405 cm，茎绿色，叶卵菱形、深绿色，叶缘全缘，花紫色。成熟荚弓形、黄褐色，硬荚，荚长11.1 cm，荚宽0.6 cm，单荚重1.0 g，单荚粒数14.5粒，籽粒矩圆形、黑色，百粒重4.6 g。

# 独 山 黑 豇 豆

【作物名称】豇豆 *Vigna unguiculata* (Linn.) Walp.

【作物类别】粮食作物

【分　　类】豆科豇豆属

【采集地点】滁州市来安县

【采集编号】P341122054

【特征特性】

春播全生育期 148 天，植株蔓生，无限结荚习性，主蔓长 444 cm，茎绿色，叶卵菱形、深绿色，叶缘全缘，花紫色。成熟荚圆筒形、黄褐色，硬荚，荚长 11.3 cm，荚宽 0.6 cm，单荚重 1.3 g，单荚粒数 13.1 粒，籽粒矩圆形、黑色，百粒重 7.1 g。

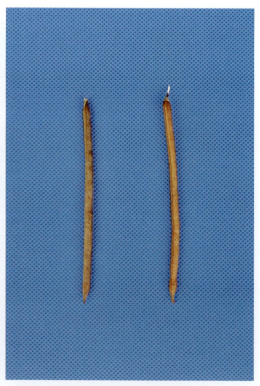

# 大 英 白 豇 豆

【作物名称】豇豆 *Vigna unguiculata* (Linn.) Walp.

【作物类别】粮食作物

【分　　类】豆科豇豆属

【采集地点】滁州市来安县

【采集编号】P341122061

## 【特征特性】

春播全生育期 155 天，植株蔓生，无限结荚习性，主蔓长 373 cm，茎绿色，叶卵菱形、深绿色，叶缘全缘，花白色。成熟荚扁圆条形、黄橙色，硬荚，荚长 19.2 cm，荚宽 1.0 cm，单荚重 4.4 g，单荚粒数 16.8 粒，籽粒椭圆形、白色，百粒重 20.7 g。

# 大荚花豇豆

【作物名称】豇豆 *Vigna unguiculata* (Linn.) Walp.
【作物类别】粮食作物
【分　　类】豆科豇豆属
【采集地点】滁州市来安县
【采集编号】P341122062

【特征特性】

春播全生育期 147 天，植株蔓生，无限结荚习性，主蔓长 432 cm，茎绿色，叶卵菱形、深绿色，叶缘全缘，花紫色。成熟荚扁圆条形、黄橙色，硬荚，荚长 14.3 cm，荚宽 0.7 cm，单荚重 1.9 g，单荚粒数 14.6 粒，籽粒椭圆形、橙底褐花，百粒重 8.5 g。

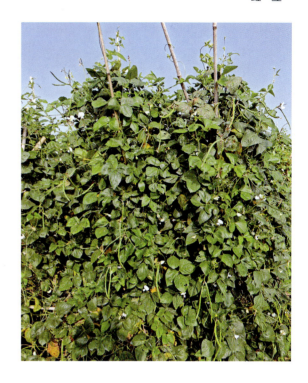

# 涧 溪 花 豇 豆

【作物名称】豇豆 *Vigna unguiculata* (Linn.) Walp.
【作物类别】粮食作物
【分　　类】豆科豇豆属
【采集地点】滁州市明光市
【采集编号】2020344023

## 【特征特性】

　　春播全生育期157天，植株蔓生，无限结荚习性，主蔓长601 cm，茎绿色，叶卵菱形、深绿色，叶缘全缘，花白色。成熟荚弓形、黄橙色，硬荚，荚长19.2 cm，荚宽0.9 cm，单荚重3.5 g，单荚粒数14.1粒，籽粒椭圆形、双色，百粒重14.6 g。

# 涧溪豇豆

【作物名称】豇豆 *Vigna unguiculata* (Linn.) Walp.

【作物类别】粮食作物

【分　　类】豆科豇豆属

【采集地点】滁州市明光市

【采集编号】2020344024

【特征特性】

　　春播全生育期158天，植株蔓生，无限结荚习性，主蔓长646 cm，茎绿色，叶卵菱形、深绿色，叶缘全缘，花紫色。成熟荚圆筒形、黄橙色，硬荚，荚长16.9 cm，荚宽0.9 cm，单荚重4.4 g，单荚粒数16.2粒，籽粒矩圆形、红色，百粒重21.2 g。

# 女 山 湖 麻 豇 豆

【作物名称】豇豆 *Vigna unguiculata* (Linn.) Walp.
【作物类别】粮食作物
【分　　类】豆科豇豆属
【采集地点】滁州市明光市
【采集编号】2020344046

## 【特征特性】

　　春播全生育期155天，植株蔓生，无限结荚习性，主蔓长445 cm，茎绿色，叶卵菱形、深绿色，叶缘全缘，花紫色。成熟荚圆筒形、黄橙色，硬荚，荚长16.4 cm，荚宽0.9 cm，单荚重3.4 g，单荚粒数15.3粒，籽粒矩圆形、橙底褐花，百粒重16.2 g。

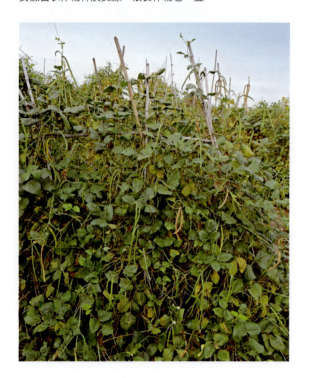

# 明 西 白 豇 豆

【作物名称】豇豆 *Vigna unguiculata* (Linn.) Walp.

【作物类别】粮食作物

【分　　类】豆科豇豆属

【采集地点】滁州市明光市

【采集编号】2020344091

【特征特性】

春播全生育期157天，植株蔓生，无限结荚习性，主蔓长412 cm，茎绿色，叶卵菱形、深绿色，叶缘全缘，花白色。成熟荚弓形、黄橙色，硬荚，荚长19.3 cm，荚宽0.9 cm，单荚重3.4 g，单荚粒数17.6粒，籽粒椭圆形、白色，百粒重17.8 g。

# 石 坝 黑 豇 豆

【作物名称】豇豆 *Vigna unguiculata* (Linn.) Walp.

【作物类别】粮食作物

【分　　类】豆科豇豆属

【采集地点】滁州市明光市

【采集编号】2020344122

## 【特征特性】

　　春播全生育期144天，植株蔓生，无限结荚习性，主蔓长413 cm，茎绿色，叶卵菱形、深绿色，叶缘全缘，花紫色。成熟荚弓形、黑褐色，硬荚，荚长11.1 cm，荚宽0.6 cm，单荚重1.1 g，单荚粒数13.5粒，籽粒矩圆形、黑色，百粒重5.6 g。

# 三 关 麻 豇 豆

【作物名称】豇豆 *Vigna unguiculata* (Linn.) Walp.

【作物类别】粮食作物

【分　　类】豆科豇豆属

【采集地点】滁州市明光市

【采集编号】2020344129

【特征特性】

　　春播全生育期155天，植株蔓生，无限结荚习性，主蔓长432 cm，茎绿色，叶卵菱形、深绿色，叶缘全缘，花紫色。成熟荚弓形、黄橙色，硬荚，荚长19.1 cm，荚宽1.0 cm，单荚重4.4 g，单荚粒数14.5粒，籽粒椭圆形、橙底褐花，百粒重20.8 g。

# 石 坝 白 豇 豆

【作物名称】豇豆 *Vigna unguiculata* (Linn.) Walp.

【作物类别】粮食作物

【分　　类】豆科豇豆属

【采集地点】滁州市明光市

【采集编号】2020344130

## 【特征特性】

春播全生育期162天，植株蔓生，无限结荚习性，主蔓长423 cm，茎绿色，叶卵菱形、深绿色，叶缘全缘，花白色。成熟荚扁圆条形、黄橙色，硬荚，荚长19.6 cm，荚宽0.9 cm，单荚重3.6 g，单荚粒数16.7粒，籽粒椭圆形、白色，百粒重17.2 g。

# 管 店 红 豇 豆

【作物名称】豇豆 *Vigna unguiculata* (Linn.) Walp.

【作物类别】粮食作物

【分　　类】豆科豇豆属

【采集地点】滁州市明光市

【采集编号】2020344150

【特征特性】

　　春播全生育期147天，植株蔓生，无限结荚习性，主蔓长564 cm，茎绿色，叶卵菱形、深绿色，叶缘全缘，花紫色。成熟荚弓形、黄橙色，硬荚，荚长15.4 cm，荚宽1.1 cm，单荚重5.6 g，单荚粒数16.1粒，籽粒近三角形、红色，百粒重22.2 g。

# 管 店 黑 豇 豆

【作物名称】豇豆 *Vigna unguiculata* (Linn.) Walp.

【作物类别】粮食作物

【分　　类】豆科豇豆属

【采集地点】滁州市明光市

【采集编号】2020344153

【特征特性】

　　春播全生育期160天，植株蔓生，无限结荚习性，主蔓长460 cm，茎绿色，叶卵菱形、深绿色，叶缘全缘，花紫色。成熟荚圆筒形、黑褐色，硬荚，荚长12.6 cm，荚宽0.6 cm，单荚重1.3 g，单荚粒数15.2粒，籽粒矩圆形、黑色，百粒重6.5 g。

# 管 店 花 豇 豆

【作物名称】豇豆 *Vigna unguiculata* (Linn.) Walp.
【作物类别】粮食作物
【分　　类】豆科豇豆属
【采集地点】滁州市明光市
【采集编号】2020344154

【特征特性】

　　春播全生育期 155 天，植株蔓生，无限结荚习性，主蔓长 426 cm，茎绿色，叶卵圆形、深绿色，叶缘全缘，花紫色。成熟荚扁圆条形、黄橙色，硬荚，荚长 14.6 cm，荚宽 0.7 cm，单荚重 1.9 g，单荚粒数 14.0 粒，籽粒椭圆形、橙色，百粒重 10.7 g。

# 涧溪麻豇豆

【作物名称】豇豆 *Vigna unguiculata* (Linn.) Walp.

【作物类别】粮食作物

【分　　类】豆科豇豆属

【采集地点】滁州市明光市

【采集编号】P341182020

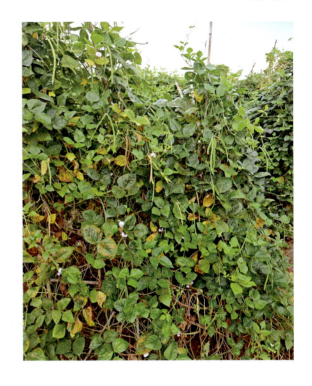

## 【特征特性】

　　春播全生育期 145 天，植株蔓生，无限结荚习性，主蔓长 484 cm，茎绿色，叶卵菱形、深绿色，叶缘全缘，花紫色。成熟荚圆筒形、黄橙色，硬荚，荚长 20.4 cm，荚宽 0.9 cm，单荚重 3.5 g，单荚粒数 15.6 粒，籽粒椭圆形、橙底褐花，百粒重 14.8 g。

# 涧溪白豇豆

【作物名称】豇豆 *Vigna unguiculata* (Linn.) Walp.
【作物类别】粮食作物
【分　　类】豆科豇豆属
【采集地点】滁州市明光市
【采集编号】P341182034

【特征特性】

　　春播全生育期 155 天，植株蔓生，无限结荚习性，主蔓长 526 cm，茎绿色，叶卵菱形、深绿色，叶缘全缘，花白色。成熟荚扁圆条形、黄橙色，硬荚，荚长 19.7 cm，荚宽 1.0 cm，单荚重 3.8 g，单荚粒数 16.7 粒，籽粒椭圆形、白色，百粒重 16.8 g。

# 涧溪红豇豆

【作物名称】豇豆 *Vigna unguiculata* (Linn.) Walp.

【作物类别】粮食作物

【分　　类】豆科豇豆属

【采集地点】滁州市明光市

【采集编号】P341182035

## 【特征特性】

春播全生育期 155 天，植株蔓生，无限结荚习性，主蔓长 441 cm，茎绿色，叶卵菱形、深绿色，叶缘全缘，花紫色。成熟荚圆筒形、黄橙色，硬荚，荚长 17.4 cm，荚宽 1.1 cm，单荚重 4.8 g，单荚粒数 17.1 粒，籽粒矩圆形、红色，百粒重 21.5 g。

# 明光鱼眼豆

【作物名称】豇豆 *Vigna unguiculata* (Linn.) Walp.

【作物类别】粮食作物

【分　　类】豆科豇豆属

【采集地点】滁州市明光市

【采集编号】P341182036

【特征特性】

春播全生育期 148 天，植株蔓生，无限结荚习性，主蔓长 427 cm，茎绿色，叶卵菱形、深绿色，叶缘全缘，花白色。成熟荚扁圆条形、黄橙色，硬荚，荚长 22.9 cm，荚宽 1.0 cm，单荚重 4.2 g，单荚粒数 14.9粒，籽粒椭圆形、双色，百粒重 21.7 g。

# 石 坝 红 豇 豆

【作物名称】豇豆 *Vigna unguiculata* (Linn.) Walp.

【作物类别】粮食作物

【分　　类】豆科豇豆属

【采集地点】滁州市明光市

【采集编号】P341182037

## 【特征特性】

春播全生育期156天，植株蔓生，无限结荚习性，主蔓长371 cm，茎绿色，叶卵菱形、深绿色，叶缘全缘，花紫色。成熟荚圆筒形、黄色，硬荚，荚长16.0 cm，荚宽0.7 cm，单荚重2.1 g，单荚粒数16.0粒，籽粒矩圆形、红色，百粒重10.3 g。

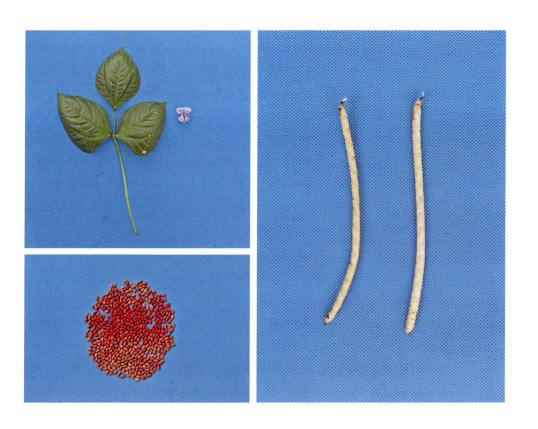

# 石 坝 豇 豆

【作物名称】豇豆 *Vigna unguiculata* (Linn.) Walp.
【作物类别】粮食作物
【分　　类】豆科豇豆属
【采集地点】滁州市明光市
【采集编号】P341182038

【特征特性】

　　春播全生育期155天，植株蔓生，无限结荚习性，主蔓长576 cm，茎绿色，叶卵菱形、深绿色，叶缘全缘，花紫色。成熟荚扁圆条形、黄橙色，硬荚，荚长15.0 cm，荚宽0.7 cm，单荚重2.2 g，单荚粒数15.6粒，籽粒矩圆形、橙色，百粒重11.0 g。

# 十 月 寒

【作物名称】豇豆 *Vigna unguiculata* (Linn.) Walp.

【作物类别】粮食作物

【分　　类】豆科豇豆属

【采集地点】滁州市南谯区

【采集编号】P341103022

## 【特征特性】

　　春播全生育期155天，植株蔓生，无限结荚习性，主蔓长524 cm，茎绿色，叶卵菱形、深绿色，叶缘全缘，花紫色。成熟荚圆筒形、黄橙色，硬荚，荚长19.1 cm，荚宽1.1 cm，单荚重4.8 g，单荚粒数15.9粒，籽粒矩圆形、红色，百粒重23.7 g。

# 乌衣豇豆

【作物名称】豇豆 *Vigna unguiculata* (Linn.) Walp.

【作物类别】粮食作物

【分　　类】豆科豇豆属

【采集地点】滁州市南谯区

【采集编号】P341103038

【特征特性】

　　春播全生育期157天，植株蔓生，无限结荚习性，主蔓长570 cm，茎绿色，叶卵菱形、深绿色，叶缘全缘，花紫色。成熟荚弓形、黄橙色，硬荚，荚长18.9 cm，荚宽1.3 cm，单荚重4.7 g，单荚粒数14.1粒，籽粒近三角形、橙色，百粒重24.2 g。

# 古 河 老 鸹 眼

【作物名称】豇豆 *Vigna unguiculata* (Linn.) Walp.

【作物类别】粮食作物

【分　　类】豆科豇豆属

【采集地点】滁州市全椒县

【采集编号】P341124010

## 【特征特性】

　　春播全生育期150天，植株蔓生，无限结荚习性，主蔓长402 cm，茎绿色，叶卵菱形、深绿色，叶缘全缘，花白色。成熟荚弓形、黄橙色，硬荚，荚长22.1 cm，荚宽1.1 cm，单荚重5.0 g，单荚粒数14.6粒，籽粒椭圆形、双色，百粒重25.7 g。

# 马厂麻豇豆

【作物名称】豇豆 *Vigna unguiculata* (Linn.) Walp.

【作物类别】粮食作物

【分　　类】豆科豇豆属

【采集地点】滁州市全椒县

【采集编号】P341124034

【特征特性】

　　春播全生育期 151 天，植株蔓生，无限结荚习性，主蔓长 480 cm，茎绿色，叶卵菱形、深绿色，叶缘全缘，花紫色。成熟荚扁圆条形、黄橙色，硬荚，荚长 17.3 cm，荚宽 0.8 cm，单荚重 2.5 g，单荚粒数 14.5 粒，籽粒矩圆形、橙底褐花，百粒重 13.2 g。

# 天 长 豇 豆

【作物名称】豇豆 *Vigna unguiculata* (Linn.) Walp.

【作物类别】粮食作物

【分　　类】豆科豇豆属

【采集地点】滁州市天长市

【采集编号】P341181018

## 【特征特性】

春播全生育期 153 天，植株蔓生，无限结荚习性，主蔓长 409 cm，茎绿色，叶卵菱形、深绿色，叶缘全缘，花紫色。成熟荚扁圆条形、黄橙色，硬荚，荚长 18.2 cm，荚宽 1.1 cm，单荚重 4.3 g，单荚粒数 14.3粒，籽粒矩圆形、橙色，百粒重 21.4 g。

# 大 通 红 饭 豆

【作物名称】豇豆 *Vigna unguiculata* (Linn.) Walp.

【作物类别】粮食作物

【分　　类】豆科豇豆属

【采集地点】滁州市天长市

【采集编号】P341181019

【特征特性】

春播全生育期 160 天，植株蔓生，无限结荚习性，主蔓长 583 cm，茎绿色，叶卵菱形、深绿色，叶缘全缘，花紫色。成熟荚圆筒形、黄橙色，硬荚，荚长 16.8 cm，荚宽 1.0 cm，单荚重 4.8 g，单荚粒数 16.8 粒，籽粒矩圆形、红色，百粒重 22.1 g。

# 大 通 麻 豇 豆

【作物名称】豇豆 *Vigna unguiculata* (Linn.) Walp.

【作物类别】粮食作物

【分　　类】豆科豇豆属

【采集地点】滁州市天长市

【采集编号】P341181020

## 【特征特性】

　　春播全生育期 155 天，植株蔓生，无限结荚习性，主蔓长 396 cm，茎绿色，叶卵菱形、深绿色，叶缘全缘，花紫色。成熟荚圆筒形、黄橙色，硬荚，荚长 13.7 cm，荚宽 0.7 cm，单荚重 1.8 g，单荚粒数 13.2 粒，籽粒椭圆形、红底褐花，百粒重 10.1 g。

# 舒庄豇豆

【作物名称】豇豆 *Vigna unguiculata* (Linn.) Walp.
【作物类别】粮食作物
【分　　类】豆科豇豆属
【采集地点】阜阳市界首市
【采集编号】2021343064

【特征特性】

　　春播全生育期 138 天，植株蔓生，无限结荚习性，主蔓长 555 cm，茎绿色，叶长卵菱形、深绿色，叶缘全缘，花紫色。成熟荚弓形、黄橙色，硬荚，荚长 17.0 cm，荚宽 1.4 cm，单荚重 5.3 g，单荚粒数 14.6 粒，籽粒近三角形、橙色，百粒重 29.1 g。

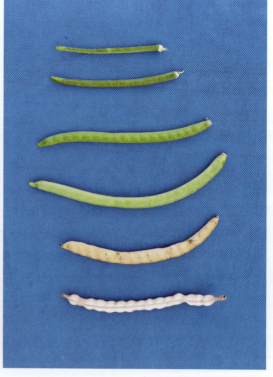

# 闫湾黑豇豆

【作物名称】豇豆 *Vigna unguiculata* (Linn.) Walp.

【作物类别】粮食作物

【分　　类】豆科豇豆属

【采集地点】阜阳市界首市

【采集编号】2021343065

## 【特征特性】

春播全生育期 142 天，植株蔓生，无限结荚习性，主蔓长 593 cm，茎绿色，叶卵菱形、深绿色，叶缘全缘，花紫色。成熟荚圆筒形、黑褐色，硬荚，荚长 10.8 cm，荚宽 0.6 cm，单荚重 1.1 g，单荚粒数 13.8 粒，籽粒矩圆形、黑色，百粒重 5.8 g。

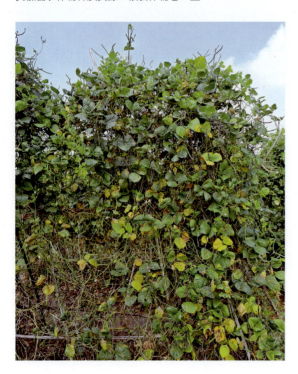

# 大田黑豇豆

【作物名称】豇豆 *Vigna unguiculata* (Linn.) Walp.

【作物类别】粮食作物

【分　　类】豆科豇豆属

【采集地点】阜阳市界首市

【采集编号】2021343076

【特征特性】

　　春播全生育期 142 天，植株蔓生，无限结荚习性，主蔓长 398 cm，茎绿色，叶卵菱形、深绿色，叶缘全缘，花紫色。成熟荚圆筒形、黑褐色，硬荚，荚长 11.3 cm，荚宽 0.6 cm，单荚重 1.1 g，单荚粒数 13.3 粒，籽粒矩圆形、黑色，百粒重 5.3 g。

# 大鲁豇豆

【作物名称】豇豆 *Vigna unguiculata* (Linn.) Walp.

【作物类别】粮食作物

【分　　类】豆科豇豆属

【采集地点】阜阳市界首市

【采集编号】2021343106

## 【特征特性】

春播全生育期 130 天，植株蔓生，无限结荚习性，主蔓长 433 cm，茎绿色，叶长卵菱形、深绿色，叶缘全缘，花紫色。成熟荚弓形、黄橙色，硬荚，荚长 14.4 cm，荚宽 1.1 cm，单荚重 5.5 g，单荚粒数 16.6 粒，籽粒近三角形、橙色，百粒重 27.9 g。

# 舒庄红豇豆

【作物名称】豇豆 *Vigna unguiculata* (Linn.) Walp.

【作物类别】粮食作物

【分　　类】豆科豇豆属

【采集地点】阜阳市界首市

【采集编号】2021343107

【特征特性】

春播全生育期 159 天，植株蔓生，无限结荚习性，主蔓长 504 cm，茎绿色，叶卵菱形、深绿色，叶缘全缘，花紫色。成熟荚圆筒形、黄橙色，硬荚，荚长 19.7 cm，荚宽 1.1 cm，单荚重 5.9 g，单荚粒数 18.0 粒，籽粒矩圆形、红色，百粒重 26.2 g。

# 新 马 集 豇 豆

【作物名称】豇豆 *Vigna unguiculata* (Linn.) Walp.

【作物类别】粮食作物

【分　　类】豆科豇豆属

【采集地点】阜阳市界首市

【采集编号】2021343124

## 【特征特性】

春播全生育期139天，植株蔓生，无限结荚习性，主蔓长412 cm，茎绿色，叶卵菱形、深绿色，叶缘全缘，花紫色。成熟荚圆筒形、黄色，硬荚，荚长11.8 cm，荚宽0.6 cm，单荚重1.1 g，单荚粒数14.5粒，籽粒矩圆形、黑色，百粒重5.8 g。

# 滑集野生黑豇豆

【作物名称】豇豆 *Vigna unguiculata* (Linn.) Walp.

【作物类别】粮食作物

【分　　类】豆科豇豆属

【采集地点】阜阳市临泉县

【采集编号】P341221019

【特征特性】

春播全生育期147天，植株蔓生，无限结荚习性，主蔓长510 cm，茎绿色，叶卵菱形、深绿色，叶缘全缘，花紫色。成熟荚弓形、黑褐色，硬荚，荚长12.7 cm，荚宽0.6 cm，单荚重1.2 g，单荚粒数15.7粒，籽粒矩圆形、黑色，百粒重5.7 g。

# 滑 集 红 豇 豆

【作物名称】豇豆 *Vigna unguiculata* (Linn.) Walp.

【作物类别】粮食作物

【分　　类】豆科豇豆属

【采集地点】阜阳市临泉县

【采集编号】P341221020

【特征特性】

　　春播全生育期145天，植株蔓生，无限结荚习性，主蔓长573 cm，茎绿色，叶长卵菱形、深绿色，叶缘全缘，花紫色。成熟荚圆筒形、黑褐色，硬荚，荚长13.2 cm，荚宽0.6 cm，单荚重1.4 g，单荚粒数18.1粒，籽粒矩圆形、红色，百粒重5.5 g。

# 二 郎 野 豇 豆

【作物名称】豇豆 *Vigna unguiculata* (Linn.) Walp.

【作物类别】粮食作物

【分　　类】豆科豇豆属

【采集地点】阜阳市太和县

【采集编号】2021342084

【特征特性】

　　春播全生育期 149 天，植株蔓生，无限结荚习性，主蔓长 487 cm，茎绿色，叶卵菱形、深绿色，叶缘全缘，花紫色。成熟荚圆筒形、黑褐色，硬荚，荚长 11.9 cm，荚宽 0.6 cm，单荚重 1.0 g，单荚粒数 14.6 粒，籽粒矩圆形、黑色，百粒重 4.6 g。

# 二 郎 豇 豆

【作物名称】豇豆 *Vigna unguiculata* (Linn.) Walp.

【作物类别】粮食作物

【分　　类】豆科豇豆属

【采集地点】阜阳市太和县

【采集编号】2021342092

## 【特征特性】

春播全生育期 155 天，植株蔓生，无限结荚习性，主蔓长 393 cm，茎绿色，叶卵菱形、深绿色，叶缘全缘，花紫色。成熟荚圆筒形、黄橙色，硬荚，荚长 19.5 cm，荚宽 1.1 cm，单荚重 4.7 g，单荚粒数 16.0 粒，籽粒矩圆形、橙色，百粒重 21.9 g。

# 二 郎 麻 豇 豆

【作物名称】豇豆 *Vigna unguiculata* (Linn.) Walp.
【作物类别】粮食作物
【分　　类】豆科豇豆属
【采集地点】阜阳市太和县
【采集编号】2021342100

【特征特性】

春播全生育期154天，植株蔓生，无限结荚习性，主蔓长481 cm，茎绿色，叶卵圆形、深绿色，叶缘全缘，花紫色。成熟荚弓形、黄橙色，硬荚，荚长21.4 cm，荚宽1.0 cm，单荚重4.7 g，单荚粒数15.8粒，籽粒椭圆形、橙底褐花，百粒重20.8 g。

# 马 集 豇 豆

【作物名称】豇豆 *Vigna unguiculata* (Linn.) Walp.

【作物类别】粮食作物

【分　　类】豆科豇豆属

【采集地点】阜阳市太和县

【采集编号】2021342110

## 【特征特性】

　　春播全生育期 156 天，植株蔓生，无限结荚习性，主蔓长 445 cm，茎绿色，叶卵菱形、深绿色，叶缘全缘，花紫色。成熟荚扁圆条形、黄橙色，硬荚，荚长 23.7 cm，荚宽 1.1 cm，单荚重 5.2 g，单荚粒数 16.2 粒，籽粒椭圆形、橙色，百粒重 22.9 g。

# 马 集 红 豇 豆

【作物名称】豇豆 *Vigna unguiculata* (Linn.) Walp.

【作物类别】粮食作物

【分　　类】豆科豇豆属

【采集地点】阜阳市太和县

【采集编号】2021342111

【特征特性】

春播全生育期 153 天，植株蔓生，无限结荚习性，主蔓长 520 cm，茎绿色，叶卵菱形、深绿色，叶缘全缘，花紫色。成熟荚圆筒形、黄褐色，硬荚，荚长 12.2 cm，荚宽 0.6 cm，单荚重 1.3 g，单荚粒数 15.0 粒，籽粒矩圆形、红色，百粒重 6.6 g。

# 旧县黑豇豆

【作物名称】豇豆 *Vigna unguiculata* (Linn.) Walp.
【作物类别】粮食作物
【分　　类】豆科豇豆属
【采集地点】阜阳市太和县
【采集编号】P341222025

【特征特性】

春播全生育期144天，植株蔓生，无限结荚习性，主蔓长538 cm，茎绿色，叶卵菱形、深绿色，叶缘全缘，花紫色。成熟荚圆筒形、黄褐色，硬荚，荚长11.8 cm，荚宽0.6 cm，单荚重1.1 g，单荚粒数14.0粒，籽粒矩圆形、黑色，百粒重5.3 g。

# 中埠红豇豆

【作物名称】豇豆 *Vigna unguiculata* (Linn.) Walp.

【作物类别】粮食作物

【分　　类】豆科豇豆属

【采集地点】合肥市巢湖市

【采集编号】P340181201

【特征特性】

春播全生育期151天，植株蔓生，无限结荚习性，主蔓长465 cm，茎绿色，叶卵菱形、深绿色，叶缘全缘，花紫色。成熟荚圆筒形、黄褐色，硬荚，荚长11.6 cm，荚宽0.6 cm，单荚重1.3 g，单荚粒数13.4粒，籽粒矩圆形、红色，百粒重6.7 g。

# 中埠黑豇豆

【作物名称】豇豆 *Vigna unguiculata* (Linn.) Walp.
【作物类别】粮食作物
【分　　类】豆科豇豆属
【采集地点】合肥市巢湖市
【采集编号】P340181202

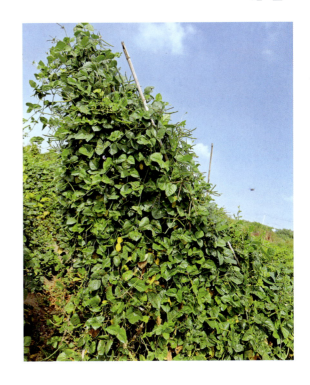

【特征特性】

春播全生育期155天，植株蔓生，无限结荚习性，主蔓长453 cm，茎绿色，叶卵菱形、深绿色，叶缘全缘，花紫色。成熟荚圆筒形、黑褐色，硬荚，荚长12.0 cm，荚宽0.7 cm，单荚重1.3 g，单荚粒数13.6粒，籽粒矩圆形、黑色，百粒重6.7 g。

# 大塘黑豇豆

【作物名称】豇豆 *Vigna unguiculata* (Linn.) Walp.

【作物类别】粮食作物

【分　　类】豆科豇豆属

【采集地点】合肥市巢湖市

【采集编号】P340181223

【特征特性】

　　春播全生育期150天，植株蔓生，无限结荚习性，主蔓长493 cm，茎绿色，叶卵菱形、深绿色，叶缘全缘，花紫色。成熟荚圆筒形、黑褐色，硬荚，荚长13.2 cm，荚宽0.6 cm，单荚重1.4 g，单荚粒数15.7粒，籽粒矩圆形、黑色，百粒重6.5 g。

# 西街黑豇豆

【作物名称】豇豆 *Vigna unguiculata* (Linn.) Walp.

【作物类别】粮食作物

【分　　类】豆科豇豆属

【采集地点】合肥市巢湖市

【采集编号】P340181229

## 【特征特性】

　　春播全生育期158天，植株蔓生，无限结荚习性，主蔓长423 cm，茎绿色，叶卵菱形、深绿色，叶缘全缘，花紫色。成熟荚弓形、黑褐色，硬荚，荚长11.3 cm，荚宽0.6 cm，单荚重1.2 g，单荚粒数14.4粒，籽粒矩圆形、黑色，百粒重6.2 g。

# 苏湾豇豆

【作物名称】豇豆 *Vigna unguiculata* (Linn.) Walp.
【作物类别】粮食作物
【分　　类】豆科豇豆属
【采集地点】合肥市巢湖市
【采集编号】P340181232

【特征特性】

春播全生育期156天，植株蔓生，无限结荚习性，主蔓长427 cm，茎绿色，叶卵菱形、深绿色，叶缘全缘，花紫色。成熟荚圆筒形、黄褐色，硬荚，荚长12.0 cm，荚宽0.6 cm，单荚重1.3 g，单荚粒数14.5粒，籽粒矩圆形、红底褐花，百粒重7.0 g。

# 古 城 豇 豆

【作物名称】豇豆 *Vigna unguiculata* (Linn.) Walp.
【作物类别】粮食作物
【分　　类】豆科豇豆属
【采集地点】合肥市肥东县
【采集编号】2019343014

【特征特性】

　　春播全生育期 155 天，植株蔓生，无限结荚习性，主蔓长 392 cm，茎绿色，叶卵圆形、深绿色，叶缘全缘，花紫色。成熟荚圆筒形、黄橙色，硬荚，荚长 19.9 cm，荚宽 1.0 cm，单荚重 5.4 g，单荚粒数 18.2 粒，籽粒矩圆形、橙色，百粒重 23.7 g。

# 白 龙 野 豇 豆

【作物名称】豇豆 *Vigna unguiculata* (Linn.) Walp.
【作物类别】粮食作物
【分　　类】豆科豇豆属
【采集地点】合肥市肥东县
【采集编号】2019343104

【特征特性】

　　春播全生育期 153 天，植株蔓生，无限结荚习性，主蔓长 408 cm，茎绿色，叶长卵菱形、深绿色，叶缘全缘，花紫色。成熟荚弓形、黄橙色，硬荚，荚长 14.2 cm，荚宽 0.7 cm，单荚重 2.0 g，单荚粒数 15.9 粒，籽粒矩圆形、橙色，百粒重 10.1 g。

# 白 龙 麻 豇 豆

【作物名称】豇豆 *Vigna unguiculata* (Linn.) Walp.

【作物类别】粮食作物

【分　　类】豆科豇豆属

【采集地点】合肥市肥东县

【采集编号】2019343108

## 【特征特性】

春播全生育期154天，植株蔓生，无限结荚习性，主蔓长534 cm，茎绿色，叶卵菱形、深绿色，叶缘全缘，花紫色。成熟荚弓形、黄橙色，硬荚，荚长29.0 cm，荚宽1.1 cm，单荚重6.9 g，单荚粒数19.5粒，籽粒椭圆形、红底褐花，百粒重23.8 g。

# 隔 月 红

【作物名称】豇豆 *Vigna unguiculata* (Linn.) Walp.

【作物类别】粮食作物

【分　　类】豆科豇豆属

【采集地点】合肥市肥东县

【采集编号】2019343116

【特征特性】

春播全生育期 147 天，植株蔓生，无限结荚习性，主蔓长 425 cm，茎绿色，叶卵圆形、深绿色，叶缘全缘，花紫色。成熟荚扁圆条形、黄橙色，硬荚，荚长 20.5 cm，荚宽 1.1 cm，单荚重 5.0 g，单荚粒数 17.2 粒，籽粒矩圆形、橙色，百粒重 24.3 g。

# 众 兴 黑 豇 豆

【作物名称】豇豆 *Vigna unguiculata* (Linn.) Walp.
【作物类别】粮食作物
【分　　类】豆科豇豆属
【采集地点】合肥市肥东县
【采集编号】2019343125

## 【特征特性】

　　春播全生育期156天，植株蔓生，无限结荚习性，主蔓长408 cm，茎绿色，叶卵菱形、深绿色，叶缘全缘，花紫色。成熟荚弓形、黄橙色，硬荚，荚长18.3 cm，荚宽1.0 cm，单荚重4.4 g，单荚粒数15.6粒，籽粒椭圆形、黑色，百粒重22.6 g。

# 众 兴 红 豇 豆

【作物名称】豇豆 *Vigna unguiculata* (Linn.) Walp.

【作物类别】粮食作物

【分　　类】豆科豇豆属

【采集地点】合肥市肥东县

【采集编号】2019343126

【特征特性】

　　春播全生育期 147 天，植株蔓生，无限结荚习性，主蔓长 432 cm，茎绿色，叶卵菱形、深绿色，叶缘全缘，花紫色。成熟荚扁圆条形、黄橙色，硬荚，荚长 21.0 cm，荚宽 1.0 cm，单荚重 4.7 g，单荚粒数 17.8 粒，籽粒矩圆形、红色，百粒重 19.7 g。

# 石 塘 红 豇 豆

【作物名称】豇豆 *Vigna unguiculata* (Linn.) Walp.
【作物类别】粮食作物
【分　　类】豆科豇豆属
【采集地点】合肥市肥东县
【采集编号】2019343608

## 【特征特性】

春播全生育期 155 天，植株蔓生，无限结荚习性，主蔓长 473 cm，茎绿色，叶卵菱形、深绿色，叶缘全缘，花紫色。成熟荚扁圆条形、黄橙色，硬荚，荚长 24.4 cm，荚宽 1.0 cm，单荚重 5.1 g，单荚粒数 16.6 粒，籽粒椭圆形、红色，百粒重 25.1 g。

# 石 塘 麻 豇 豆

【作物名称】豇豆 *Vigna unguiculata* (Linn.) Walp.
【作物类别】粮食作物
【分　　类】豆科豇豆属
【采集地点】合肥市肥东县
【采集编号】2019343610

【特征特性】

　　春播全生育期155天，植株蔓生，无限结荚习性，主蔓长424 cm，茎绿色，叶卵菱形、深绿色，叶缘全缘，花紫色。成熟荚弓形、黄橙色、硬荚，荚长24.7 cm，荚宽1.0 cm，单荚重5.9 g，单荚粒数16.5粒，籽粒椭圆形、红底褐花，百粒重29.1 g。

# 石塘橙豇豆

【作物名称】豇豆 *Vigna unguiculata* (Linn.) Walp.
【作物类别】粮食作物
【分　　类】豆科豇豆属
【采集地点】合肥市肥东县
【采集编号】2019343611

【特征特性】

　　春播全生育期155天，植株蔓生，无限结荚习性，主蔓长355 cm，茎绿色，叶卵圆形、深绿色，叶缘全缘，花紫色。成熟荚圆筒形、黄橙色，硬荚，荚长18.2 cm，荚宽1.1 cm，单荚重6.2 g，单荚粒数17.3粒，籽粒矩圆形、橙色，百粒重28.1 g。

# 四合麻豇豆

【作物名称】豇豆 *Vigna unguiculata* (Linn.) Walp.

【作物类别】粮食作物

【分　　类】豆科豇豆属

【采集地点】合肥市肥东县

【采集编号】2019343612

【特征特性】

　　春播全生育期 157 天，植株蔓生，无限结荚习性，主蔓长 435 cm，茎绿色，叶卵菱形、深绿色，叶缘全缘，花紫色。成熟荚圆筒形、黄橙色，硬荚，荚长 18.0 cm，荚宽 0.8 cm，单荚重 3.8 g，单荚粒数 17.1 粒，籽粒矩圆形、橙底褐花，百粒重 16.7 g。

# 张 集 黑 豇 豆

【作物名称】豇豆 *Vigna unguiculata* (Linn.) Walp.
【作物类别】粮食作物
【分　　类】豆科豇豆属
【采集地点】合肥市肥东县
【采集编号】2019343639

## 【特征特性】

　　春播全生育期155天，植株蔓生，无限结荚习性，主蔓长333 cm，茎绿色，叶卵菱形、深绿色，叶缘全缘，花紫色。成熟荚弓形、黄橙色，硬荚，荚长18.4 cm，荚宽1.0 cm，单荚重4.3 g，单荚粒数16.5粒，籽粒椭圆形、黑色，百粒重21.5 g。

# 张 集 豇 豆

【作物名称】豇豆 *Vigna unguiculata* (Linn.) Walp.
【作物类别】粮食作物
【分　　类】豆科豇豆属
【采集地点】合肥市肥东县
【采集编号】2019343648

【特征特性】

春播全生育期154天，植株蔓生，无限结荚习性，主蔓长495 cm，茎绿色，叶卵菱形、深绿色，叶缘全缘，花紫色。成熟荚圆筒形、黄橙色，硬荚，荚长20.7 cm，荚宽1.2 cm，单荚重6.2 g，单荚粒数16.1粒，籽粒近三角形、橙色，百粒重30.3 g。

# 牌坊豇豆

【作物名称】豇豆 *Vigna unguiculata* (Linn.) Walp.

【作物类别】粮食作物

【分　　类】豆科豇豆属

【采集地点】合肥市肥东县

【采集编号】P340122051

## 【特征特性】

　　春播全生育期147天，植株蔓生，无限结荚习性，主蔓长445 cm，茎绿色，叶卵圆形、深绿色，叶缘全缘，花紫色。成熟荚圆筒形、黄橙色，硬荚，荚长18.0 cm，荚宽1.0 cm，单荚重6.0 g，单荚粒数17.8粒，籽粒矩圆形、橙色，百粒重27.0 g。

# 牌 坊 花 豇 豆

【作物名称】豇豆 *Vigna unguiculata* (Linn.) Walp.
【作物类别】粮食作物
【分　　类】豆科豇豆属
【采集地点】合肥市肥东县
【采集编号】P340122056

【特征特性】

　　春播全生育期153天，植株蔓生，无限结荚习性，主蔓长375 cm，茎绿色，叶卵菱形、深绿色，叶缘全缘，花紫色。成熟荚扁圆条形、黄橙色，硬荚，荚长17.0 cm，荚宽0.8 cm，单荚重3.2 g，单荚粒数15.1粒，籽粒矩圆形、橙底褐花，百粒重14.8 g。

# 高店红豇豆

【作物名称】豇豆 *Vigna unguiculata* (Linn.) Walp.

【作物类别】粮食作物

【分　　类】豆科豇豆属

【采集地点】合肥市肥西县

【采集编号】P340123016

## 【特征特性】

春播全生育期145天，植株蔓生，无限结荚习性，主蔓长413 cm，茎绿色，叶卵菱形、深绿色，叶缘全缘，花紫色。成熟荚圆筒形、黄褐色，硬荚，荚长12.3 cm，荚宽0.6 cm，单荚重1.2 g，单荚粒数16.7粒，籽粒矩圆形、红色，百粒重5.6 g。

# 铭传黑豇豆

【作物名称】豇豆 *Vigna unguiculata* (Linn.) Walp.
【作物类别】粮食作物
【分　　类】豆科豇豆属
【采集地点】合肥市肥西县
【采集编号】P340123022

【特征特性】

　　春播全生育期147天，植株蔓生，无限结荚习性，主蔓长430 cm，茎绿色，叶卵菱形、深绿色，叶缘全缘，花紫色。成熟荚弓形、黑褐色，硬荚，荚长10.9 cm，荚宽0.6 cm，单荚重1.2 g，单荚粒数14.3粒，籽粒矩圆形、黑色，百粒重6.1 g。

# 白 山 香 黑 豆

【作物名称】豇豆 *Vigna unguiculata* (Linn.) Walp.

【作物类别】粮食作物

【分　　类】豆科豇豆属

【采集地点】合肥市庐江县

【采集编号】2021346011

## 【特征特性】

　　春播全生育期155天，植株蔓生，无限结荚习性，主蔓长385 cm，茎绿色，叶卵菱形、深绿色，叶缘全缘，花紫色。成熟荚弓形、黄橙色，硬荚，荚长17.9 cm，荚宽1.1 cm，单荚重4.7 g，单荚粒数16.0粒，籽粒椭圆形、黑色，百粒重24.6 g。

# 矾山豇豆

【作物名称】豇豆 *Vigna unguiculata* (Linn.) Walp.
【作物类别】粮食作物
【分　　类】豆科豇豆属
【采集地点】合肥市庐江县
【采集编号】2021346038

【特征特性】

春播全生育期154天，植株蔓生，无限结荚习性，主蔓长512 cm，茎绿色，叶卵圆形、深绿色，叶缘全缘，花紫色。成熟荚弓形、黄橙色，硬荚，荚长19.3 cm，荚宽1.1 cm，单荚重5.5 g，单荚粒数13.6粒，籽粒近三角形、橙色，百粒重30.3 g。

# 矾 山 麻 豇 豆

【作物名称】豇豆 *Vigna unguiculata* (Linn.) Walp.

【作物类别】粮食作物

【分　　类】豆科豇豆属

【采集地点】合肥市庐江县

【采集编号】2021346057

## 【特征特性】

　　春播全生育期144天，植株蔓生，无限结荚习性，主蔓长455 cm，茎绿色，叶卵菱形、深绿色，叶缘全缘，花紫色。成熟荚弓形、黑褐色，硬荚，荚长10.5 cm，荚宽0.6 cm，单荚重1.2 g，单荚粒数13.1粒，籽粒矩圆形、橙底褐花，百粒重6.6 g。

# 盛桥麻豇豆

【作物名称】豇豆 *Vigna unguiculata* (Linn.) Walp.

【作物类别】粮食作物

【分　　类】豆科豇豆属

【采集地点】合肥市庐江县

【采集编号】2021346084

【特征特性】

　　春播全生育期157天，植株蔓生，无限结荚习性，主蔓长492 cm，茎绿色，叶卵菱形、深绿色，叶缘全缘，花紫色。成熟荚弓形、黄橙色，硬荚，荚长27.3 cm，荚宽1.1 cm，单荚重5.6 g，单荚粒数19.1粒，籽粒椭圆形、红底褐花，百粒重22.7 g。

# 盛桥黑豇豆

【作物名称】豇豆 *Vigna unguiculata* (Linn.) Walp.

【作物类别】粮食作物

【分　　类】豆科豇豆属

【采集地点】合肥市庐江县

【采集编号】2021346104

【特征特性】

　　春播全生育期 155 天，植株蔓生，无限结荚习性，主蔓长 448 cm，茎绿色，叶卵菱形、深绿色，叶缘全缘，花紫色。成熟荚圆筒形、黄橙色，硬荚，荚长 16.3 cm，荚宽 0.9 cm，单荚重 3.3 g，单荚粒数 13.4 粒，籽粒椭圆形、黑色，百粒重 15.3 g。

# 盛桥豇豆

【作物名称】豇豆 *Vigna unguiculata* (Linn.) Walp.
【作物类别】粮食作物
【分　　类】豆科豇豆属
【采集地点】合肥市庐江县
【采集编号】2021346105

【特征特性】

　　春播全生育期153天，植株蔓生，无限结荚习性，主蔓长442 cm，茎绿色，叶卵菱形、深绿色，叶缘全缘，花紫色。成熟荚扁圆条形、黄橙色，硬荚，荚长21.5 cm，荚宽1.3 cm，单荚重5.3 g，单荚粒数15.4粒，籽粒近三角形、橙色，百粒重27.9 g。

# 新桥黑豇豆

【作物名称】豇豆 *Vigna unguiculata* (Linn.) Walp.

【作物类别】粮食作物

【分　　类】豆科豇豆属

【采集地点】合肥市庐江县

【采集编号】2021346134

【特征特性】

　　春播全生育期151天，植株蔓生，无限结荚习性，主蔓长409 cm，茎绿色，叶卵菱形、深绿色，叶缘全缘，花紫色。成熟荚弓形、黄橙色，硬荚，荚长17.2 cm，荚宽1.0 cm，单荚重4.7 g，单荚粒数15.0粒，籽粒椭圆形、黑色，百粒重23.0 g。

# 汤池豇豆

【作物名称】豇豆 *Vigna unguiculata* (Linn.) Walp.

【作物类别】粮食作物

【分　　类】豆科豇豆属

【采集地点】合肥市庐江县

【采集编号】2021346137

## 【特征特性】

　　春播全生育期155天，植株蔓生，无限结荚习性，主蔓长486 cm，茎绿色，叶卵菱形、深绿色，叶缘全缘，花紫色。成熟荚扁圆条形、黄橙色，硬荚，荚长21.3 cm，荚宽1.4 cm，单荚重6.1 g，单荚粒数15.6粒，籽粒近三角形、橙色，百粒重32.1 g。

# 罗河黑豇豆

【作物名称】豇豆 *Vigna unguiculata* (Linn.) Walp.

【作物类别】粮食作物

【分　　类】豆科豇豆属

【采集地点】合肥市庐江县

【采集编号】2021346150

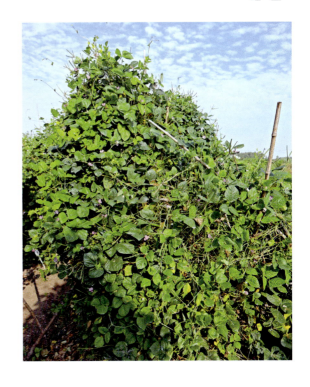

【特征特性】

　　春播全生育期146天，植株蔓生，无限结荚习性，主蔓长500 cm，茎绿色，叶卵菱形、深绿色，叶缘全缘，花紫色。成熟荚圆筒形、黑褐色，硬荚，荚长10.9 cm，荚宽0.6 cm，单荚重1.0 g，单荚粒数13.2粒，籽粒矩圆形、黑色，百粒重5.3 g。

# 罗河红豇豆

【作物名称】豇豆 *Vigna unguiculata* (Linn.) Walp.
【作物类别】粮食作物
【分　　类】豆科豇豆属
【采集地点】合肥市庐江县
【采集编号】2021346151

## 【特征特性】

　　春播全生育期156天，植株蔓生，无限结荚习性，主蔓长403 cm，茎绿色，叶卵菱形、深绿色，叶缘全缘，花紫色。成熟荚圆筒形、黄色，硬荚，荚长14.4 cm，荚宽0.6 cm，单荚重2.1 g，单荚粒数16.2粒，籽粒矩圆形、红色，百粒重10.2 g。

# 罗 河 小 红 豆

【作物名称】豇豆 *Vigna unguiculata* (Linn.) Walp.

【作物类别】粮食作物

【分　　类】豆科豇豆属

【采集地点】合肥市庐江县

【采集编号】2021346159

## 【特征特性】

　　春播全生育期 156 天，植株蔓生，无限结荚习性，主蔓长 398 cm，茎绿色，叶卵菱形、深绿色，叶缘全缘，花紫色。成熟荚圆筒形、黑褐色，硬荚，荚长 12.8 cm，荚宽 0.6 cm，单荚重 1.6 g，单荚粒数 14.8 粒，籽粒矩圆形、红色，百粒重 7.9 g。

# 罗 河 豇 豆

【作物名称】豇豆 *Vigna unguiculata* (Linn.) Walp.

【作物类别】粮食作物

【分　　类】豆科豇豆属

【采集地点】合肥市庐江县

【采集编号】2021346173

【特征特性】

　　春播全生育期155天，植株蔓生，无限结荚习性，主蔓长387 cm，茎绿色，叶卵菱形、深绿色，叶缘全缘，花紫色。成熟荚圆筒形、黄橙色，硬荚，荚长23.7 cm，荚宽1.4 cm，单荚重6.5 g，单荚粒数18.2粒，籽粒近三角形、橙色，百粒重27.0 g。

# 冶父山黑豇豆

【作物名称】豇豆 *Vigna unguiculata* (Linn.) Walp.

【作物类别】粮食作物

【分　　类】豆科豇豆属

【采集地点】合肥市庐江县

【采集编号】2021346181

## 【特征特性】

　　春播全生育期155天，植株蔓生，无限结荚习性，主蔓长476 cm，茎绿色，叶卵菱形、深绿色，叶缘全缘，花紫色。成熟荚弓形、黑褐色，硬荚，荚长10.7 cm，荚宽0.6 cm，单荚重1.1 g，单荚粒数12.7粒，籽粒矩圆形、黑色，百粒重5.7 g。

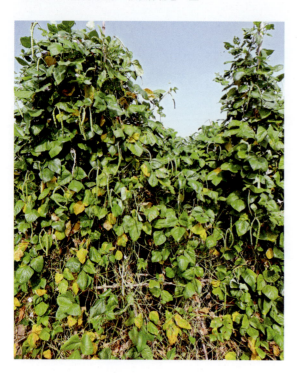

# 冶父山豇豆

【作物名称】豇豆 *Vigna unguiculata* (Linn.) Walp.

【作物类别】粮食作物

【分　　类】豆科豇豆属

【采集地点】合肥市庐江县

【采集编号】2021346190

【特征特性】

春播全生育期 156 天，植株蔓生，无限结荚习性，主蔓长 462 cm，茎绿色，叶卵菱形、深绿色，叶缘全缘，花紫色。成熟荚扁圆条形、黄橙色，硬荚，荚长 23.2 cm，荚宽 1.3 cm，单荚重 6.0 g，单荚粒数 17.9 粒，籽粒近三角形、橙色，百粒重 24.7 g。

# 白 山 豇 豆

【作物名称】豇豆 *Vigna unguiculata* (Linn.) Walp.

【作物类别】粮食作物

【分　　类】豆科豇豆属

【采集地点】合肥市庐江县

【采集编号】2021346231

## 【特征特性】

　　春播全生育期147天，植株蔓生，无限结荚习性，主蔓长385 cm，茎绿色，叶卵圆形、深绿色，叶缘全缘，花紫色。成熟荚圆筒形、黄橙色，硬荚，荚长18.9 cm，荚宽1.1 cm，单荚重5.7 g，单荚粒数16.6粒，籽粒矩圆形、橙色，百粒重26.2 g。

# 白 山 麻 豇 豆

【作物名称】豇豆 *Vigna unguiculata* (Linn.) Walp.
【作物类别】粮食作物
【分　　类】豆科豇豆属
【采集地点】合肥市庐江县
【采集编号】2021346232

【特征特性】

春播全生育期156天，植株蔓生，无限结荚习性，主蔓长564 cm，茎绿色，叶卵菱形、深绿色，叶缘全缘，花紫色。成熟荚弓形、黄橙色，硬荚，荚长25.1 cm，荚宽1.1 cm，单荚重5.4 g，单荚粒数16.5粒，籽粒椭圆形、红底褐花，百粒重23.6 g。

# 白 湖 红 饭 豆

【作物名称】豇豆 *Vigna unguiculata* (Linn.) Walp.

【作物类别】粮食作物

【分　　类】豆科豇豆属

【采集地点】合肥市庐江县

【采集编号】2022340124010

## 【特征特性】

　　春播全生育期149天，植株蔓生，无限结荚习性，主蔓长510 cm，茎绿色，叶卵菱形、深绿色，叶缘全缘，花紫色。成熟荚圆筒形、黄褐色，硬荚，荚长11.9 cm，荚宽0.7 cm，单荚重1.2 g，单荚粒数14.3粒，籽粒矩圆形、红色，百粒重5.2 g。

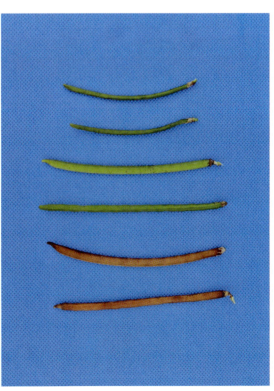

# 白 湖 麻 豇 豆

【作物名称】豇豆 *Vigna unguiculata* (Linn.) Walp.
【作物类别】粮食作物
【分　　类】豆科豇豆属
【采集地点】合肥市庐江县
【采集编号】2022340124015

【特征特性】

　　春播全生育期141天，植株蔓生，无限结荚习性，主蔓长315 cm，茎绿色，叶卵菱形、深绿色，叶缘全缘，花紫色。成熟荚扁圆条形、黄橙色，硬荚，荚长14.7 cm，荚宽0.9 cm，单荚重2.7 g，单荚粒数11.6粒，籽粒矩圆形、橙底褐花，百粒重16.1 g。

# 万 山 黑 豇 豆

【作物名称】豇豆 *Vigna unguiculata* (Linn.) Walp.

【作物类别】粮食作物

【分　　类】豆科豇豆属

【采集地点】合肥市庐江县

【采集编号】P340124021

## 【特征特性】

　　春播全生育期 147 天，植株蔓生，无限结荚习性，主蔓长 476 cm，茎绿色，叶卵菱形、深绿色，叶缘全缘，花紫色。成熟荚圆筒形、黑褐色，硬荚，荚长 11.1 cm，荚宽 0.6 cm，单荚重 1.1 g，单荚粒数 13.9 粒，籽粒矩圆形、黑色，百粒重 5.3 g。

# 杜集红豇豆

【作物名称】豇豆 *Vigna unguiculata* (Linn.) Walp.

【作物类别】粮食作物

【分　　类】豆科豇豆属

【采集地点】合肥市长丰县

【采集编号】P340121068

【特征特性】

春播全生育期147天，植株蔓生，无限结荚习性，主蔓长476 cm，茎绿色，叶卵菱形、深绿色，叶缘全缘，花紫色。成熟荚圆筒形、黄褐色，硬荚，荚长11.3 cm，荚宽0.6 cm，单荚重1.2 g，单荚粒数13.7粒，籽粒矩圆形、红色，百粒重6.1 g。

# 石 台 白 豇 豆

【作物名称】豇豆 Vigna unguiculata (Linn.) Walp.

【作物类别】粮食作物

【分　　类】豆科豇豆属

【采集地点】淮北市杜集区

【采集编号】P340602022

【特征特性】

　　春播全生育期145天，植株蔓生，无限结荚习性，主蔓长529 cm，茎绿色，叶长卵菱形、深绿色，叶缘全缘，花白色。成熟荚扁圆条形、黄橙色，硬荚，荚长25.2 cm，荚宽1.0 cm，单荚重4.0 g，单荚粒数19.2粒，籽粒椭圆形、白色，百粒重15.0 g。

# 朔 里 黑 豇 豆

【作物名称】豇豆 *Vigna unguiculata* (Linn.) Walp.

【作物类别】粮食作物

【分　　类】豆科豇豆属

【采集地点】淮北市杜集区

【采集编号】P340602023

【特征特性】

　　春播全生育期146天，植株蔓生，无限结荚习性，主蔓长394 cm，茎绿色，叶卵菱形、深绿色，叶缘全缘，花紫色。成熟荚圆筒形、黄色，硬荚，荚长13.2 cm，荚宽0.6 cm，单荚重3.7 g，单荚粒数15.8粒，籽粒矩圆形、黑色，百粒重16.1 g。

# 晋庄豇豆

【作物名称】豇豆 *Vigna unguiculata* (Linn.) Walp.
【作物类别】粮食作物
【分　　类】豆科豇豆属
【采集地点】淮北市烈山区
【采集编号】P340604017

## 【特征特性】

　　春播全生育期 144 天，植株蔓生，无限结荚习性，主蔓长 530 cm，茎绿色，叶长卵菱形、深绿色，叶缘全缘，花紫色。成熟荚弓形、黄橙色，硬荚，荚长 18.3 cm，荚宽 1.4 cm，单荚重 6.7 g，单荚粒数 15.7 粒，籽粒近三角形、橙色，百粒重 26.8 g。

# 古饶黑豇豆

【作物名称】豇豆 *Vigna unguiculata* (Linn.) Walp.
【作物类别】粮食作物
【分　　类】豆科豇豆属
【采集地点】淮北市烈山区
【采集编号】P340604026

【特征特性】

　　春播全生育期146天，植株蔓生，无限结荚习性，主蔓长383 cm，茎绿色，叶卵菱形、深绿色，叶缘全缘，花紫色。成熟荚弓形、黄色，硬荚，荚长12.8 cm，荚宽0.6 cm，单荚重1.1 g，单荚粒数14.2粒，籽粒矩圆形、黑色，百粒重5.3 g。

# 山 王 白 豇 豆

【作物名称】豇豆 *Vigna unguiculata* (Linn.) Walp.

【作物类别】粮食作物

【分　　类】豆科豇豆属

【采集地点】淮南市八公山区

【采集编号】P340405008

## 【特征特性】

春播全生育期137天，植株蔓生，无限结荚习性，主蔓长413 cm，茎绿色，叶卵菱形、深绿色，叶缘全缘，花白色。成熟荚扁圆条形、黄橙色，硬荚，荚长17.7 cm，荚宽1.0 cm，单荚重2.9 g，单荚粒数15.1粒，籽粒椭圆形、白色，百粒重15.1 g。

# 山 王 麻 豇 豆

【作物名称】豇豆 *Vigna unguiculata* (Linn.) Walp.
【作物类别】粮食作物
【分　　类】豆科豇豆属
【采集地点】淮南市八公山区
【采集编号】P340405031

【特征特性】

　　春播全生育期155天，植株蔓生，无限结荚习性，主蔓长457 cm，茎绿色，叶卵菱形、深绿色，叶缘全缘，花紫色。成熟荚弓形、黄橙色，硬荚，荚长21.8 cm，荚宽1.2 cm，单荚重5.8 g，单荚粒数14.1粒，籽粒椭圆形、橙底褐花，百粒重30.3 g。

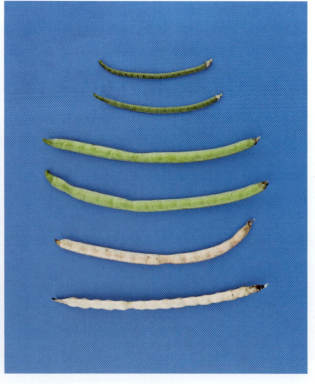

# 凤 台 野 豇 豆

【作物名称】豇豆 *Vigna unguiculata* (Linn.) Walp.

【作物类别】粮食作物

【分　　类】豆科豇豆属

【采集地点】淮南市凤台县

【采集编号】2019341057

## 【特征特性】

　　春播全生育期 144 天，植株蔓生，无限结荚习性，主蔓长 418 cm，茎绿色，叶卵菱形、深绿色，叶缘全缘，花紫色。成熟荚圆筒形、黄褐色，硬荚，荚长 11.8 cm，荚宽 0.6 cm，单荚重 1.3 g，单荚粒数 14.6 粒，籽粒矩圆形、红色，百粒重 6.6 g。

# 凤 台 红 豇 豆

【作物名称】豇豆 *Vigna unguiculata* (Linn.) Walp.

【作物类别】粮食作物

【分　　类】豆科豇豆属

【采集地点】淮南市凤台县

【采集编号】2019341066

【特征特性】

春播全生育期 161 天，植株蔓生，无限结荚习性，主蔓长 404 cm，茎绿色，叶卵菱形、深绿色，叶缘全缘，花紫色。成熟荚圆筒形、黄橙色，硬荚，荚长 19.3 cm，荚宽 1.1 cm，单荚重 5.7 g，单荚粒数 17.0 粒，籽粒矩圆形、红色，百粒重 26.7 g。

# 凤凰豇豆

【作物名称】豇豆 *Vigna unguiculata* (Linn.) Walp.

【作物类别】粮食作物

【分　　类】豆科豇豆属

【采集地点】淮南市凤台县

【采集编号】2019341075

## 【特征特性】

　　春播全生育期 159 天，植株蔓生，无限结荚习性，主蔓长 397 cm，茎绿色，叶卵菱形、深绿色，叶缘全缘，花紫色。成熟荚扁圆条形、黄橙色，硬荚，荚长 17.3 cm，荚宽 1.1 cm，单荚重 4.4 g，单荚粒数 15.3 粒，籽粒矩圆形、橙色，百粒重 22.8 g。

# 杨 村 豇 豆

【作物名称】豇豆 *Vigna unguiculata* (Linn.) Walp.

【作物类别】粮食作物

【分　　类】豆科豇豆属

【采集地点】淮南市凤台县

【采集编号】P340421038

【特征特性】

　　春播全生育期 156 天，植株蔓生，无限结荚习性，主蔓长 445 cm，茎绿色，叶卵菱形、深绿色，叶缘全缘，花紫色。成熟荚圆筒形、黄橙色，硬荚，荚长 19.7 cm，荚宽 1.0 cm，单荚重 5.0 g，单荚粒数 17.2 粒，籽粒矩圆形、红色，百粒重 21.2 g。

# 尚 塘 豇 豆

【作物名称】豇豆 *Vigna unguiculata* (Linn.) Walp.

【作物类别】粮食作物

【分　　类】豆科豇豆属

【采集地点】淮南市凤台县

【采集编号】P340421055

【特征特性】

　　春播全生育期 143 天，植株蔓生，无限结荚习性，主蔓长 501 cm，茎绿色，叶卵菱形、深绿色，叶缘全缘，花紫色。成熟荚圆筒形、黄橙色，硬荚，荚长 19.6 cm，荚宽 1.1 cm，单荚重 6.0 g，单荚粒数 17.8 粒，籽粒矩圆形、橙色，百粒重 26.9 g。

# 朱马店小黑豆

【作物名称】豇豆 *Vigna unguiculata* (Linn.) Walp.

【作物类别】粮食作物

【分　　类】豆科豇豆属

【采集地点】淮南市凤台县

【采集编号】P340421058

## 【特征特性】

春播全生育期144天，植株蔓生，无限结荚习性，主蔓长390 cm，茎绿色，叶卵菱形、深绿色，叶缘全缘，花紫色。成熟荚弓形、黄褐色、硬荚，荚长11.5 cm，荚宽0.6 cm，单荚重1.2 g，单荚粒数14.9粒，籽粒矩圆形、黑色，百粒重6.6 g。

# 安丰小黑豆

【作物名称】豇豆 *Vigna unguiculata* (Linn.) Walp.

【作物类别】粮食作物

【分　　类】豆科豇豆属

【采集地点】淮南市寿县

【采集编号】P340422015

## 【特征特性】

春播全生育期 142 天，植株蔓生，无限结荚习性，主蔓长 466 cm，茎绿色，叶卵菱形、深绿色，叶缘全缘，花紫色。成熟荚圆筒形、黑褐色，硬荚，荚长 11.6 cm，荚宽 0.6 cm，单荚重 1.0 g，单荚粒数 14.2 粒，籽粒矩圆形、黑色，百粒重 4.7 g。

# 安丰红豇豆

【作物名称】豇豆 *Vigna unguiculata* (Linn.) Walp.

【作物类别】粮食作物

【分　　类】豆科豇豆属

【采集地点】淮南市寿县

【采集编号】P340422016

【特征特性】

春播全生育期 148 天，植株蔓生，无限结荚习性，主蔓长 537 cm，茎绿色，叶卵菱形、深绿色，叶缘全缘，花紫色。成熟荚圆筒形、黄褐色，硬荚，荚长 11.4 cm，荚宽 0.5 cm，单荚重 1.1 g，单荚粒数 14.3 粒，籽粒矩圆形、红色，百粒重 6.1 g。

# 祁 山 红 皮 饭 豆

【作物名称】豇豆 *Vigna unguiculata* (Linn.) Walp.

【作物类别】粮食作物

【分　　类】豆科豇豆属

【采集地点】黄山市祁门县

【采集编号】P342726032

## 【特征特性】

　　春播全生育期 157 天，植株蔓生，无限结荚习性，主蔓长 495 cm，茎绿色，叶卵菱形、深绿色，叶缘全缘，花紫色。成熟荚圆筒形、黄橙色，硬荚，荚长 18.8 cm，荚宽 1.0 cm，单荚重 4.6 g，单荚粒数 16.2 粒，籽粒矩圆形、红色，百粒重 19.8 g。

# 昌溪红豇豆

【作物名称】豇豆 *Vigna unguiculata* (Linn.) Walp.

【作物类别】粮食作物

【分　　类】豆科豇豆属

【采集地点】黄山市歙县

【采集编号】2020343074

【特征特性】

　　春播全生育期125天，植株蔓生，无限结荚习性，主蔓长312 cm，茎绿色，叶卵菱形、深绿色，叶缘全缘，花紫色。成熟荚弓形、黄橙色，硬荚，荚长14.0 cm，荚宽0.7 cm，单荚重2.0 g，单荚粒数12.6粒，籽粒椭圆形、红色，百粒重9.3 g。

# 绍 濂 豇 豆

【作物名称】豇豆 *Vigna unguiculata* (Linn.) Walp.

【作物类别】粮食作物

【分　　类】豆科豇豆属

【采集地点】黄山市歙县

【采集编号】2020343124

【特征特性】

　　春播全生育期127天，植株蔓生，无限结荚习性，主蔓长249 cm，茎绿色，叶卵圆形、深绿色，叶缘全缘，花紫色。成熟荚扁圆条形、黄橙色，硬荚，荚长16.6 cm，荚宽0.9 cm，单荚重2.2 g，单荚粒数12.8粒，籽粒椭圆形、红色，百粒重11.3 g。

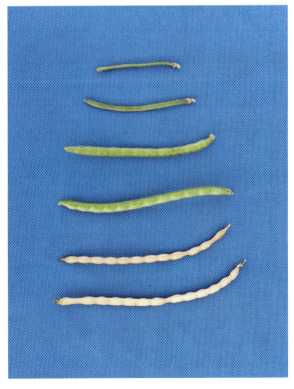

# 长 陔 豇 豆

【作物名称】豇豆 *Vigna unguiculata* (Linn.) Walp.
【作物类别】粮食作物
【分　　类】豆科豇豆属
【采集地点】黄山市歙县
【采集编号】2023341021001

【特征特性】

　　春播全生育期145天，植株蔓生，无限结荚习性，主蔓长538 cm，茎绿色，叶卵菱形、深绿色，叶缘全缘，花紫色。成熟荚弓形、黄橙色，硬荚，荚长15.6 cm，荚宽1.2 cm，单荚重5.3 g，单荚粒数15.7粒，籽粒近三角形、橙色，百粒重24.6 g。

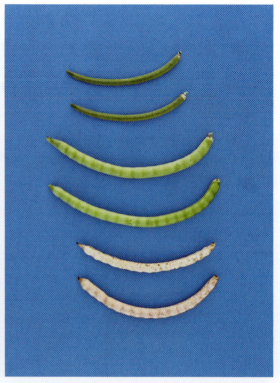

# 富 塌 黑 豇 豆

【作物名称】豇豆 *Vigna unguiculata* (Linn.) Walp.

【作物类别】粮食作物

【分 类】豆科豇豆属

【采集地点】黄山市歙县

【采集编号】P341021014

## 【特征特性】

春播全生育期166天，植株蔓生，无限结荚习性，主蔓长435 cm，茎绿色，叶卵菱形、深绿色，叶缘全缘，花紫色。成熟荚弓形、黑褐色，硬荚，荚长18.9 cm，荚宽0.8 cm，单荚重2.0 g，单荚粒数16.1粒，籽粒椭圆形、黑色，百粒重7.2 g。

# 周 集 红 豇 豆

【作物名称】豇豆 *Vigna unguiculata* (Linn.) Walp.

【作物类别】粮食作物

【分　　类】豆科豇豆属

【采集地点】六安市霍邱县

【采集编号】P341522001

【特征特性】

　　春播全生育期 154 天，植株蔓生，无限结荚习性，主蔓长 402 cm，茎绿色，叶卵菱形、深绿色，叶缘全缘，花紫色。成熟荚扁圆条形、黄橙色，硬荚，荚长 21.4 cm，荚宽 1.3 cm，单荚重 5.1 g，单荚粒数 17.1 粒，籽粒矩圆形、红色，百粒重 22.5 g。

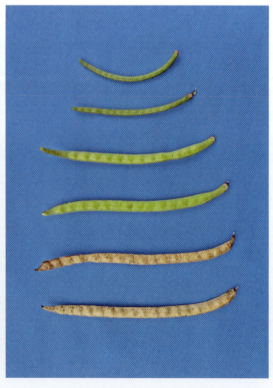

# 彭塔麻豇豆

【作物名称】豇豆 *Vigna unguiculata* (Linn.) Walp.

【作物类别】粮食作物

【分　　类】豆科豇豆属

【采集地点】六安市霍邱县

【采集编号】P341522012

## 【特征特性】

春播全生育期 152 天，植株蔓生，无限结荚习性，主蔓长 456 cm，茎绿色，叶卵菱形、深绿色，叶缘全缘，花紫色。成熟荚圆筒形、黄橙色，硬荚，荚长 17.0 cm，荚宽 0.8 cm，单荚重 2.4 g，单荚粒数 15.4 粒，籽粒椭圆形、橙底褐花，百粒重 13.1 g。

# 彭 塔 红 豇 豆

【作物名称】豇豆 *Vigna unguiculata* (Linn.) Walp.

【作物类别】粮食作物

【分　　类】豆科豇豆属

【采集地点】六安市霍邱县

【采集编号】P341522013

【特征特性】

春播全生育期 160 天，植株蔓生，无限结荚习性，主蔓长 571 cm，茎绿色，叶卵菱形、深绿色，叶缘全缘，花紫色。成熟荚圆筒形、黄橙色，硬荚，荚长 19.1 cm，荚宽 1.0 cm，单荚重 4.9 g，单荚粒数 17.5 粒，籽粒矩圆形、红色，百粒重 23.8 g。

# 冯瓴白豇豆

【作物名称】豇豆 *Vigna unguiculata* (Linn.) Walp.

【作物类别】粮食作物

【分　　类】豆科豇豆属

【采集地点】六安市霍邱县

【采集编号】P341522017

## 【特征特性】

春播全生育期 150 天，植株蔓生，无限结荚习性，主蔓长 408 cm，茎绿色，叶卵菱形、深绿色，叶缘全缘，花白色。成熟荚扁圆条形、浅红色，硬荚，荚长 15.6 cm，荚宽 0.9 cm，单荚重 2.3 g，单荚粒数 12.6 粒，籽粒椭圆形、白色，百粒重 14.0 g。

# 孟 集 豇 豆

【作物名称】豇豆 *Vigna unguiculata* (Linn.) Walp.

【作物类别】粮食作物

【分　　类】豆科豇豆属

【采集地点】六安市霍邱县

【采集编号】P341522020

【特征特性】

春播全生育期 148 天，植株蔓生，无限结荚习性，主蔓长 470 cm，茎绿色，叶卵菱形、深绿色，叶缘全缘，花紫色。成熟荚弓形、黄橙色，硬荚，荚长 21.5 cm，荚宽 1.2 cm，单荚重 5.0 g，单荚粒数 14.5 粒，籽粒近三角形、橙色，百粒重 30.1 g。

# 衡 山 黑 豇 豆

【作物名称】豇豆 *Vigna unguiculata* (Linn.) Walp.

【作物类别】粮食作物

【分　　类】豆科豇豆属

【采集地点】六安市霍山县

【采集编号】P341525006

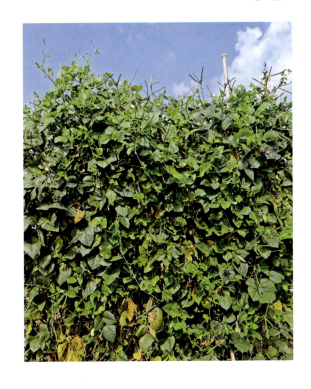

## 【特征特性】

春播全生育期 147 天，植株蔓生，无限结荚习性，主蔓长 446 cm，茎绿色，叶卵菱形、深绿色，叶缘全缘，花紫色。成熟荚圆筒形、黄褐色，硬荚，荚长 11.5 cm，荚宽 0.6 cm，单荚重 1.1 g，单荚粒数 14.2 粒，籽粒矩圆形、黑色，百粒重 6.2 g。

# 漫 水 河 豇 豆

【作物名称】豇豆 *Vigna unguiculata* (Linn.) Walp.

【作物类别】粮食作物

【分　　类】豆科豇豆属

【采集地点】六安市霍山县

【采集编号】P341525011

【特征特性】

　　春播全生育期 158 天，植株蔓生，无限结荚习性，主蔓长 553 cm，茎绿色，叶卵菱形、深绿色，叶缘全缘，花紫色。成熟荚圆筒形、黄橙色，硬荚，荚长 17.5 cm，荚宽 1.1 cm，单荚重 4.2 g，单荚粒数 15.0 粒，籽粒矩圆形、红色，百粒重 21.1 g。

# 漫水河麻大怪

【作物名称】豇豆 *Vigna unguiculata* (Linn.) Walp.

【作物类别】粮食作物

【分　　类】豆科豇豆属

【采集地点】六安市霍山县

【采集编号】P341525015

## 【特征特性】

春播全生育期 129 天，植株蔓生，无限结荚习性，主蔓长 372 cm，茎绿色，叶卵菱形、深绿色，叶缘全缘，花紫色。成熟荚扁圆条形、黄橙色，硬荚，荚长 14.7 cm，荚宽 0.7 cm，单荚重 1.7 g，单荚粒数 12.6 粒，籽粒矩圆形、橙底褐花，百粒重 10.8 g。

# 干汊河黑豇豆

【作物名称】豇豆 *Vigna unguiculata* (Linn.) Walp.
【作物类别】粮食作物
【分　　类】豆科豇豆属
【采集地点】六安市舒城县
【采集编号】2022341523006

【特征特性】

　　春播全生育期144天，植株蔓生，无限结荚习性，主蔓长529 cm，茎绿色，叶卵菱形、深绿色，叶缘全缘，花紫色。成熟荚圆筒形、黑褐色，硬荚，荚长11.3 cm，荚宽0.7 cm，单荚重1.2 g，单荚粒数13.2粒，籽粒矩圆形、黑色，百粒重5.3 g。

# 百神庙红豇豆

【作物名称】豇豆 *Vigna unguiculata* (Linn.) Walp.

【作物类别】粮食作物

【分　　类】豆科豇豆属

【采集地点】六安市舒城县

【采集编号】P341523074

## 【特征特性】

　　春播全生育期159天，植株蔓生，无限结荚习性，主蔓长394 cm，茎绿色，叶卵菱形、深绿色，叶缘全缘，花紫色。成熟荚圆筒形、黑褐色，硬荚，荚长14.2 cm，荚宽0.7 cm，单荚重1.9 g，单荚粒数16.2粒，籽粒矩圆形、红色，百粒重8.8 g。

# 千人桥黑豇豆

【作物名称】豇豆 *Vigna unguiculata* (Linn.) Walp.

【作物类别】粮食作物

【分　　类】豆科豇豆属

【采集地点】六安市舒城县

【采集编号】P341523078

【特征特性】

　　春播全生育期147天，植株蔓生，无限结荚习性，主蔓长415 cm，茎绿色，叶卵菱形、深绿色，叶缘全缘，花紫色。成熟荚弓形、黄褐色，硬荚，荚长10.8 cm，荚宽0.6 cm，单荚重1.0 g，单荚粒数14.9粒，籽粒矩圆形、黑色，百粒重5.2 g。

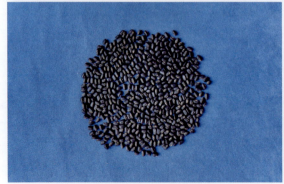

# 新 市 黑 豇 豆

【作物名称】豇豆 *Vigna unguiculata* (Linn.) Walp.
【作物类别】粮食作物
【分　　类】豆科豇豆属
【采集地点】马鞍山市博望区
【采集编号】P340506008

## 【特征特性】

春播全生育期 156 天，植株蔓生，无限结荚习性，主蔓长 401 cm，茎绿色，叶卵菱形、深绿色，叶缘全缘，花紫色。成熟荚扁圆条形、黄橙色，硬荚，荚长 17.5 cm，荚宽 0.9 cm，单荚重 3.2 g，单荚粒数 15.0 粒，籽粒矩圆形、黑色，百粒重 16.0 g。

# 仙 踪 麻 豇 豆

【作物名称】豇豆 *Vigna unguiculata* (Linn.) Walp.

【作物类别】粮食作物

【分　　类】豆科豇豆属

【采集地点】马鞍山市含山县

【采集编号】P342625017

【特征特性】

　　春播全生育期148天，植株蔓生，无限结荚习性，主蔓长489 cm，茎绿色，叶卵菱形、深绿色，叶缘全缘，花紫色。成熟荚弓形、黄橙色，硬荚，荚长20.3 cm，荚宽1.0 cm，单荚重4.4 g，单荚粒数15.3粒，籽粒矩圆形、橙底褐花，百粒重18.5 g。

# 仙踪花豇豆

【作物名称】豇豆 *Vigna unguiculata* (Linn.) Walp.
【作物类别】粮食作物
【分　　类】豆科豇豆属
【采集地点】马鞍山市含山县
【采集编号】P342625028

## 【特征特性】

　　春播全生育期157天，植株蔓生，无限结荚习性，主蔓长565 cm，茎绿色，叶卵菱形、深绿色，叶缘全缘，花紫色。成熟荚弓形、黄橙色，硬荚，荚长23.6 cm，荚宽1.1 cm，单荚重4.6 g，单荚粒数14.6粒，籽粒椭圆形、红底褐花，百粒重23.4 g。

# 昭 关 米 豇 豆

【作物名称】豇豆 *Vigna unguiculata* (Linn.) Walp.

【作物类别】粮食作物

【分　　类】豆科豇豆属

【采集地点】马鞍山市含山县

【采集编号】P342625035

【特征特性】

　　春播全生育期157天，植株蔓生，无限结荚习性，主蔓长458 cm，茎绿色，叶卵菱形、深绿色，叶缘全缘，花紫色。成熟荚圆筒形、黄橙色，硬荚，荚长17.8 cm，荚宽1.0 cm，单荚重4.5 g，单荚粒数16.7粒，籽粒矩圆形、红色，百粒重21.4 g。

# 昭 关 花 豇 豆

【作物名称】豇豆 *Vigna unguiculata* (Linn.) Walp.

【作物类别】粮食作物

【分　　类】豆科豇豆属

【采集地点】马鞍山市含山县

【采集编号】P342625036

## 【特征特性】

　　春播全生育期 145 天，植株蔓生，无限结荚习性，主蔓长 456 cm，茎绿色，叶卵菱形、深绿色，叶缘全缘，花紫色。成熟荚扁圆条形、黄橙色，硬荚，荚长 24.1 cm，荚宽 1.0 cm，单荚重 4.2 g，单荚粒数 15.8 粒，籽粒椭圆形、红底褐花，百粒重 21.3 g。

# 仙踪豇豆

【作物名称】豇豆 *Vigna unguiculata* (Linn.) Walp.
【作物类别】粮食作物
【分　　类】豆科豇豆属
【采集地点】马鞍山市含山县
【采集编号】P342625037

【特征特性】

　　春播全生育期150天，植株蔓生，无限结荚习性，主蔓长468 cm，茎绿色，叶卵菱形、深绿色，叶缘全缘，花紫色。成熟荚圆筒形、黄橙色，硬荚，荚长14.3 cm，荚宽1.0 cm，单荚重3.5 g，单荚粒数15.3粒，籽粒矩圆形、橙色，百粒重17.4 g。

# 白 桥 豇 豆

【作物名称】豇豆 *Vigna unguiculata* (Linn.) Walp.
【作物类别】粮食作物
【分　　类】豆科豇豆属
【采集地点】马鞍山市和县
【采集编号】2019342078

## 【特征特性】

　　春播全生育期158天，植株蔓生，无限结荚习性，主蔓长425 cm，茎绿色，叶卵菱形、深绿色，叶缘全缘，花紫色。成熟荚弓形、黄橙色，硬荚，荚长27.5 cm，荚宽1.1 cm，单荚重5.5 g，单荚粒数17.6粒，籽粒椭圆形、红底褐花，百粒重26.3 g。

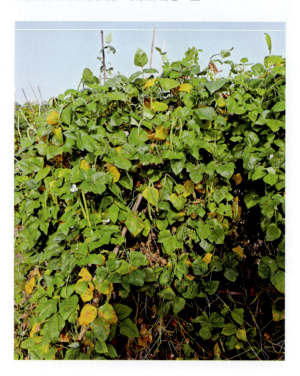

# 功桥豇豆

【作物名称】豇豆 *Vigna unguiculata* (Linn.) Walp.
【作物类别】粮食作物
【分　　类】豆科豇豆属
【采集地点】马鞍山市和县
【采集编号】2019342101

【特征特性】

　　春播全生育期 157 天，植株蔓生，无限结荚习性，主蔓长 418 cm，茎绿色，叶卵菱形、深绿色，叶缘全缘，花紫色。成熟荚扁圆条形、黄橙色，硬荚，荚长 20.3 cm，荚宽 1.3 cm，单荚重 5.9 g，单荚粒数 16.0 粒，籽粒近三角形、橙色，百粒重 31.7 g。

# 功 桥 黑 豇 豆

【作物名称】豇豆 *Vigna unguiculata* (Linn.) Walp.
【作物类别】粮食作物
【分　　类】豆科豇豆属
【采集地点】马鞍山市和县
【采集编号】2019342115

## 【特征特性】

春播全生育期 146 天，植株蔓生，无限结荚习性，主蔓长 425 cm，茎绿色，叶卵菱形、深绿色，叶缘全缘，花紫色。成熟荚圆筒形、黄褐色，硬荚，荚长 11.7 cm，荚宽 0.6 cm，单荚重 1.2 g，单荚粒数 15.2 粒，籽粒矩圆形、黑色，百粒重 6.1 g。

# 功桥野豇豆

【作物名称】豇豆 *Vigna unguiculata* (Linn.) Walp.

【作物类别】粮食作物

【分　　类】豆科豇豆属

【采集地点】马鞍山市和县

【采集编号】2019342117

【特征特性】

　　春播全生育期 164 天，植株蔓生，无限结荚习性，主蔓长 530 cm，茎绿色，叶卵菱形、深绿色，叶缘全缘，花紫色。成熟荚圆筒形、黑褐色，硬荚，荚长 13.1 cm，荚宽 0.6 cm，单荚重 1.6 g，单荚粒数 15.3 粒，籽粒矩圆形、红色，百粒重 8.5 g。

# 善厚豇豆

【作物名称】豇豆 *Vigna unguiculata* (Linn.) Walp.
【作物类别】粮食作物
【分　　类】豆科豇豆属
【采集地点】马鞍山市和县
【采集编号】2019342131

【特征特性】

　　春播全生育期 154 天，植株蔓生，无限结荚习性，主蔓长 563 cm，茎绿色，叶卵圆形、深绿色，叶缘全缘，花紫色。成熟荚圆筒形、黄橙色，硬荚，荚长 16.7 cm，荚宽 1.3 cm，单荚重 5.9 g，单荚粒数 14.5 粒，籽粒近三角形、橙色，百粒重 31.9 g。

# 南义黑豇豆

【作物名称】豇豆 *Vigna unguiculata* (Linn.) Walp.
【作物类别】粮食作物
【分　　类】豆科豇豆属
【采集地点】马鞍山市和县
【采集编号】2019342183

【特征特性】

　　春播全生育期152天，植株蔓生，无限结荚习性，主蔓长312 cm，茎绿色，叶卵菱形、深绿色，叶缘全缘，花紫色。成熟荚弓形、黄橙色、硬荚，荚长21.3 cm，荚宽0.9 cm，单荚重3.9 g，单荚粒数17.1粒，籽粒矩圆形、黑色，百粒重19.4 g。

# 香 泉 米 豇 豆

【作物名称】豇豆 *Vigna unguiculata* (Linn.) Walp.

【作物类别】粮食作物

【分　　类】豆科豇豆属

【采集地点】马鞍山市和县

【采集编号】P340523019

## 【特征特性】

春播全生育期 156 天，植株蔓生，无限结荚习性，主蔓长 550 cm，茎绿色，叶卵菱形、深绿色，叶缘全缘，花白色。成熟荚弓形、黄橙色，硬荚，荚长 19.7 cm，荚宽 0.9 cm，单荚重 3.2 g，单荚粒数 15.2 粒，籽粒椭圆形、白色，百粒重 15.6 g。

# 西埠豇豆

【作物名称】豇豆 *Vigna unguiculata* (Linn.) Walp.

【作物类别】粮食作物

【分　　类】豆科豇豆属

【采集地点】马鞍山市和县

【采集编号】P340523023

【特征特性】

　　春播全生育期 158 天，植株蔓生，无限结荚习性，主蔓长 520 cm，茎绿色，叶卵菱形、深绿色，叶缘全缘，花紫色。成熟荚圆筒形、黄橙色，硬荚，荚长 19.8 cm，荚宽 1.1 cm，单荚重 5.3 g，单荚粒数 16.6 粒，籽粒矩圆形、橙色，百粒重 25.1 g。

# 善厚麻雀豇豆

【作物名称】豇豆 *Vigna unguiculata* (Linn.) Walp.

【作物类别】粮食作物

【分　　类】豆科豇豆属

【采集地点】马鞍山市和县

【采集编号】P340523034

## 【特征特性】

春播全生育期 151 天，植株蔓生，无限结荚习性，主蔓长 398 cm，茎绿色，叶卵菱形、深绿色，叶缘全缘，花紫色。成熟荚弓形、黄橙色，硬荚，荚长 18.7 cm，荚宽 1.1 cm，单荚重 3.5 g，单荚粒数 13.1 粒，籽粒矩圆形、橙底褐花，百粒重 20.2 g。

# 朱 楼 黑 豇 豆

【作物名称】豇豆 *Vigna unguiculata* (Linn.) Walp.

【作物类别】粮食作物

【分　　类】豆科豇豆属

【采集地点】宿州市砀山县

【采集编号】P341321002

【特征特性】

　　春播全生育期142天，植株蔓生，无限结荚习性，主蔓长547 cm，茎绿色，叶卵菱形、深绿色，叶缘全缘，花紫色。成熟荚弓形、黑褐色，硬荚，荚长11.4 cm，荚宽0.6 cm，单荚重1.0 g，单荚粒数13.0粒，籽粒矩圆形、黑色，百粒重5.4 g。

# 葛集豇豆

【作物名称】豇豆 *Vigna unguiculata* (Linn.) Walp.

【作物类别】粮食作物

【分　　类】豆科豇豆属

【采集地点】宿州市砀山县

【采集编号】P341321010

## 【特征特性】

春播全生育期 142 天，植株蔓生，无限结荚习性，主蔓长 454 cm，茎绿色，叶披针形、深绿色，叶缘浅裂，花紫色。成熟荚弓形、黄橙色，硬荚，荚长 13.3 cm，荚宽 1.1 cm，单荚重 4.1 g，单荚粒数 14.1 粒，籽粒近三角形、橙色，百粒重 19.9 g。

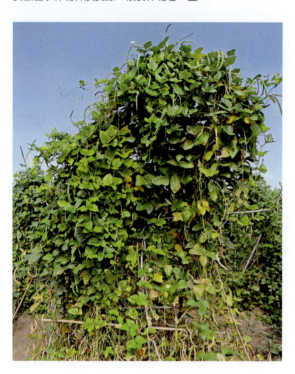

# 唐寨豇豆

【作物名称】豇豆 *Vigna unguiculata* (Linn.) Walp.
【作物类别】粮食作物
【分　　类】豆科豇豆属
【采集地点】宿州市砀山县
【采集编号】P341321018

【特征特性】

　　春播全生育期 145 天，植株蔓生，无限结荚习性，主蔓长 462 cm，茎绿色，叶披针形、深绿色，叶缘浅裂，花紫色。成熟荚弓形、黄橙色，硬荚，荚长 15.1 cm，荚宽 1.2 cm，单荚重 4.7 g，单荚粒数 15.5 粒，籽粒近三角形、橙色，百粒重 22.9 g。

# 灵 城 白 豇 豆

【作物名称】豇豆 *Vigna unguiculata* (Linn.) Walp.

【作物类别】粮食作物

【分　　类】豆科豇豆属

【采集地点】宿州市灵璧县

【采集编号】P341323096

## 【特征特性】

　　春播全生育期 146 天，植株蔓生，无限结荚习性，主蔓长 468 cm，茎绿色，叶卵菱形、深绿色，叶缘全缘，花白色。成熟荚扁圆条形、浅红色，硬荚，荚长 18.7 cm，荚宽 0.8 cm，单荚重 4.1 g，单荚粒数 14.6粒，籽粒椭圆形、白色，百粒重 22.7g。

# 灵城花豇豆

【作物名称】豇豆 *Vigna unguiculata* (Linn.) Walp.

【作物类别】粮食作物

【分　　类】豆科豇豆属

【采集地点】宿州市灵璧县

【采集编号】P341323099

【特征特性】

春播全生育期156天，植株蔓生，无限结荚习性，主蔓长415 cm，茎绿色，叶卵菱形、深绿色，叶缘全缘，花紫色。成熟荚弓形、黄橙色，硬荚，荚长23.9 cm，荚宽1.1 cm，单荚重4.7 g，单荚粒数14.0粒，籽粒椭圆形、红底褐花，百粒重24.4 g。

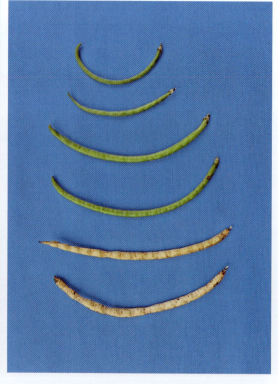

# 大 路 口 红 豇 豆

【作物名称】豇豆 *Vigna unguiculata* (Linn.) Walp.

【作物类别】粮食作物

【分　　类】豆科豇豆属

【采集地点】宿州市泗县

【采集编号】P341324033

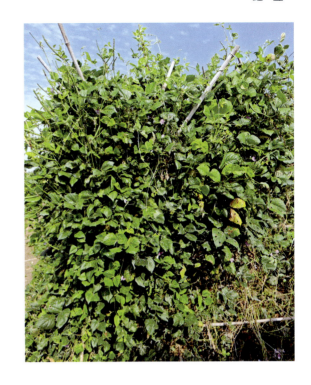

## 【特征特性】

春播全生育期142天，植株蔓生，无限结荚习性，主蔓长548 cm，茎绿色，叶卵菱形、深绿色，叶缘全缘，花紫色。成熟荚弓形、黑褐色，硬荚，荚长12.0 cm，荚宽0.6 cm，单荚重1.1 g，单荚粒数14.5粒，籽粒矩圆形、红色，百粒重5.8 g。

# 大路口紫皮豇豆

【作物名称】豇豆 *Vigna unguiculata* (Linn.) Walp.
【作物类别】粮食作物
【分　　类】豆科豇豆属
【采集地点】宿州市泗县
【采集编号】P341324039

【特征特性】

　　春播全生育期 166 天，植株蔓生，无限结荚习性，主蔓长 476 cm，茎绿色，叶卵菱形、深绿色，叶缘全缘，花紫色。成熟荚圆筒形、黄橙色，硬荚，荚长 17.4 cm，荚宽 0.8 cm，单荚重 2.8 g，单荚粒数 18.0 粒，籽粒矩圆形、橙底紫花，百粒重 10.7 g。

# 刘圩白豇豆

【作物名称】豇豆 *Vigna unguiculata* (Linn.) Walp.

【作物类别】粮食作物

【分　　类】豆科豇豆属

【采集地点】宿州市泗县

【采集编号】P341324058

## 【特征特性】

春播全生育期146天，植株蔓生，无限结荚习性，主蔓长459 cm，茎绿色，叶卵菱形、深绿色，叶缘全缘，花白色。成熟荚弓形、黄橙色，硬荚，荚长20.9 cm，荚宽1.1 cm，单荚重3.4 g，单荚粒数13.2粒，籽粒椭圆形、白色，百粒重20.5 g。

# 大 路 口 麻 豇 豆

【作物名称】豇豆 *Vigna unguiculata* (Linn.) Walp.
【作物类别】粮食作物
【分　　类】豆科豇豆属
【采集地点】宿州市泗县
【采集编号】P341324059

【特征特性】

　　春播全生育期145天，植株蔓生，无限结荚习性，主蔓长445 cm，茎绿色，叶卵圆形、深绿色，叶缘全缘，花紫色。成熟荚弓形、黄橙色，硬荚，荚长22.8 cm，荚宽1.0 cm，单荚重3.9 g，单荚粒数14.5粒，籽粒椭圆形、橙底褐花，百粒重20.3 g。

# 大 路 口 豇 豆

【作物名称】豇豆 *Vigna unguiculata* (Linn.) Walp.

【作物类别】粮食作物

【分　　类】豆科豇豆属

【采集地点】宿州市泗县

【采集编号】P341324100

【特征特性】

　　春播全生育期140天,植株蔓生,无限结荚习性,主蔓长442 cm,茎绿色,叶卵菱形、深绿色,叶缘全缘,花紫色。成熟荚弓形、黑褐色,硬荚,荚长11.0 cm,荚宽0.6 cm,单荚重1.1 g,单荚粒数15.1粒,籽粒矩圆形、橙色,百粒重5.3 g。

# 大路口紫皮麻豇豆

【作物名称】豇豆 *Vigna unguiculata* (Linn.) Walp.

【作物类别】粮食作物

【分　　类】豆科豇豆属

【采集地点】宿州市泗县

【采集编号】P341324101

【特征特性】

　　春播全生育期 152 天，植株蔓生，无限结荚习性，主蔓长 473 cm，茎绿色，叶卵菱形、深绿色，叶缘全缘，花紫色。成熟荚扁圆条形、黄橙色，硬荚，荚长 22.5 cm，荚宽 1.2 cm，单荚重 4.5 g，单荚粒数 12.2 粒，籽粒椭圆形、橙底紫花，百粒重 25.4 g。

# 永 固 豇 豆

【作物名称】豇豆 *Vigna unguiculata* (Linn.) Walp.

【作物类别】粮食作物

【分　　类】豆科豇豆属

【采集地点】宿州市萧县

【采集编号】2020345046

## 【特征特性】

春播全生育期 136 天，植株蔓生，无限结荚习性，主蔓长 440 cm，茎绿色，叶长卵菱形、深绿色，叶缘全缘，花紫色。成熟荚圆筒形、黄橙色，硬荚，荚长 17.7 cm，荚宽 1.2 cm，单荚重 5.2 g，单荚粒数 14.5 粒，籽粒近三角形、橙色，百粒重 26.5 g。

# 马井豇豆

【作物名称】豇豆 *Vigna unguiculata* (Linn.) Walp.

【作物类别】粮食作物

【分　　类】豆科豇豆属

【采集地点】宿州市萧县

【采集编号】2020345078

【特征特性】

　　春播全生育期 129 天，植株蔓生，无限结荚习性，主蔓长 373 cm，茎绿色，叶长卵菱形、深绿色，叶缘全缘，花紫色。成熟荚弓形、黄橙色，硬荚，荚长 12.2 cm，荚宽 1.2 cm，单荚重 4.5 g，单荚粒数 16.6 粒，籽粒近三角形、橙色，百粒重 19.1 g。

# 圣泉红豇豆

【作物名称】豇豆 *Vigna unguiculata* (Linn.) Walp.

【作物类别】粮食作物

【分　　类】豆科豇豆属

【采集地点】宿州市萧县

【采集编号】2020345136

## 【特征特性】

　　春播全生育期 158 天，植株蔓生，无限结荚习性，主蔓长 541 cm，茎绿色，叶卵菱形、深绿色，叶缘全缘，花紫色。成熟荚圆筒形、黄橙色，硬荚，荚长 16.8 cm，荚宽 1.0 cm，单荚重 4.5 g，单荚粒数 15.3 粒，籽粒矩圆形、红色，百粒重 21.0 g。

# 符离豇豆

【作物名称】豇豆 *Vigna unguiculata* (Linn.) Walp.
【作物类别】粮食作物
【分　　类】豆科豇豆属
【采集地点】宿州市埇桥区
【采集编号】2022341302042

【特征特性】

　　春播全生育期 148 天，植株蔓生，无限结荚习性，主蔓长 482 cm，茎绿色，叶卵菱形、深绿色，叶缘全缘，花紫色。成熟荚圆筒形、黑褐色，硬荚，荚长 12.7 cm，荚宽 0.6 cm，单荚重 1.3 g，单荚粒数 15.1 粒，籽粒矩圆形、红色，百粒重 5.8 g。

# 灰古豇豆

【作物名称】豇豆 *Vigna unguiculata* (Linn.) Walp.

【作物类别】粮食作物

【分　　类】豆科豇豆属

【采集地点】宿州市埇桥区

【采集编号】P341302036

## 【特征特性】

春播全生育期 145 天，植株蔓生，无限结荚习性，主蔓长 523 cm，茎绿色，叶卵菱形、深绿色，叶缘全缘，花紫色。成熟荚圆筒形、黑褐色，硬荚，荚长 12.0 cm，荚宽 0.6 cm，单荚重 1.1 g，单荚粒数 15.6 粒，籽粒矩圆形、红色，百粒重 5.4 g。

# 义津鱼眼豆

【作物名称】豇豆 *Vigna unguiculata* (Linn.) Walp.

【作物类别】粮食作物

【分　　类】豆科豇豆属

【采集地点】铜陵市枞阳县

【采集编号】P340722013

【特征特性】

春播全生育期 147 天，植株蔓生，无限结荚习性，主蔓长 532 cm，茎绿色，叶卵菱形、深绿色，叶缘全缘，花白色。成熟荚扁圆条形、黄橙色，硬荚，荚长 18.6 cm，荚宽 1.0 cm，单荚重 2.4 g，单荚粒数 11.0粒，籽粒椭圆形、双色，百粒重 14.1 g。

# 藕 山 红 豇 豆

【作物名称】豇豆 *Vigna unguiculata* (Linn.) Walp.
【作物类别】粮食作物
【分　　类】豆科豇豆属
【采集地点】铜陵市枞阳县
【采集编号】P340722027

## 【特征特性】

春播全生育期 155 天，植株蔓生，无限结荚习性，主蔓长 420 cm，茎绿色，叶卵菱形、深绿色，叶缘全缘，花紫色。成熟荚圆筒形、黄褐色，硬荚，荚长 12.8 cm，荚宽 0.6 cm，单荚重 2.1 g，单荚粒数 13.6 粒，籽粒矩圆形、红色，百粒重 9.8 g。

# 藕山野豇豆

【作物名称】豇豆 *Vigna unguiculata* (Linn.) Walp.

【作物类别】粮食作物

【分　　类】豆科豇豆属

【采集地点】铜陵市枞阳县

【采集编号】P340722028

【特征特性】

　　春播全生育期142天，植株蔓生，无限结荚习性，主蔓长476 cm，茎绿色，叶卵菱形、深绿色，叶缘全缘，花紫色。成熟荚圆筒形、黑褐色，硬荚，荚长12.4 cm，荚宽0.6 cm，单荚重1.3 g，单荚粒数14.3粒，籽粒矩圆形、橙色，百粒重5.9 g。

# 周 潭 红 豇 豆

【作物名称】豇豆 *Vigna unguiculata* (Linn.) Walp.

【作物类别】粮食作物

【分　　类】豆科豇豆属

【采集地点】铜陵市郊区

【采集编号】P340711029

## 【特征特性】

　　春播全生育期145天，植株蔓生，无限结荚习性，主蔓长369 cm，茎绿色，叶卵菱形、深绿色，叶缘全缘，花紫色。成熟荚弓形、黄褐色，硬荚，荚长11.6 cm，荚宽0.6 cm，单荚重1.2 g，单荚粒数14.6粒，籽粒矩圆形、红色，百粒重6.3 g。

# 周 潭 豇 豆

【作物名称】豇豆 *Vigna unguiculata* (Linn.) Walp.

【作物类别】粮食作物

【分　　类】豆科豇豆属

【采集地点】铜陵市郊区

【采集编号】P340711034

【特征特性】

　　春播全生育期159天，植株蔓生，无限结荚习性，主蔓长508 cm，茎绿色，叶卵菱形、深绿色，叶缘全缘，花紫色。成熟荚圆筒形、黑褐色，硬荚，荚长13.1 cm，荚宽0.6 cm，单荚重1.4 g，单荚粒数15.3粒，籽粒矩圆形、橙色，百粒重6.5 g。

# 周潭花豇豆

【作物名称】豇豆 *Vigna unguiculata* (Linn.) Walp.

【作物类别】粮食作物

【分　　类】豆科豇豆属

【采集地点】铜陵市郊区

【采集编号】P340711035

## 【特征特性】

春播全生育期155天，植株蔓生，无限结荚习性，主蔓长593 cm，茎绿色，叶卵菱形、深绿色，叶缘全缘，花紫色。成熟荚圆筒形、黑褐色，硬荚，荚长13.1 cm，荚宽0.6 cm，单荚重1.4 g，单荚粒数14.7粒，籽粒矩圆形、橙底褐花，百粒重6.8 g。

# 胥坝红豇豆

【作物名称】豇豆 *Vigna unguiculata* (Linn.) Walp.

【作物类别】粮食作物

【分　　类】豆科豇豆属

【采集地点】铜陵市义安区

【采集编号】2019344116

【特征特性】

　　春播全生育期 157 天，植株蔓生，无限结荚习性，主蔓长 475 cm，茎绿色，叶卵菱形、深绿色，叶缘全缘，花紫色。成熟荚圆筒形、黄橙色，硬荚，荚长 18.8 cm，荚宽 1.0 cm，单荚重 4.7 g，单荚粒数 17.2 粒，籽粒矩圆形、红色，百粒重 21.1 g。

# 胥坝野豇豆

【作物名称】豇豆 *Vigna unguiculata* (Linn.) Walp.

【作物类别】粮食作物

【分　　类】豆科豇豆属

【采集地点】铜陵市义安区

【采集编号】2019344120

## 【特征特性】

春播全生育期 147 天，植株蔓生，无限结荚习性，主蔓长 475 cm，茎绿色，叶卵菱形、深绿色，叶缘全缘，花紫色。成熟荚圆筒形、黑褐色，硬荚，荚长 12.1 cm，荚宽 0.6 cm，单荚重 1.1 g，单荚粒数 14.0 粒，籽粒矩圆形、黑色，百粒重 4.8 g。

# 胥坝黑豇豆

【作物名称】豇豆 *Vigna unguiculata* (Linn.) Walp.

【作物类别】粮食作物

【分　　类】豆科豇豆属

【采集地点】铜陵市义安区

【采集编号】2019344188

【特征特性】

春播全生育期 142 天，植株蔓生，无限结荚习性，主蔓长 448 cm，茎绿色，叶卵菱形、深绿色，叶缘全缘，花紫色。成熟荚圆筒形、黑褐色，硬荚，荚长 10.8 cm，荚宽 0.6 cm，单荚重 1.0 g，单荚粒数 12.6 粒，籽粒矩圆形、黑色，百粒重 6.0 g。

# 胥坝小黑豆

【作物名称】豇豆 *Vigna unguiculata* (Linn.) Walp.

【作物类别】粮食作物

【分　　类】豆科豇豆属

【采集地点】铜陵市义安区

【采集编号】P340706029

## 【特征特性】

春播全生育期146天，植株蔓生，无限结荚习性，主蔓长562 cm，茎绿色，叶卵菱形、深绿色，叶缘全缘，花紫色。成熟荚弓形、黑褐色，硬荚，荚长10.3 cm，荚宽0.6 cm，单荚重1.0 g，单荚粒数11.2粒，籽粒矩圆形、黑色，百粒重5.1 g。

# 胥坝野黑豇豆

【作物名称】豇豆 *Vigna unguiculata* (Linn.) Walp.
【作物类别】粮食作物
【分　　类】豆科豇豆属
【采集地点】铜陵市义安区
【采集编号】P340706046

【特征特性】

　　春播全生育期 153 天，植株蔓生，无限结荚习性，主蔓长 522 cm，茎绿色，叶卵菱形、深绿色，叶缘全缘，花紫色。成熟荚圆筒形、黑褐色，硬荚，荚长 11.7 cm，荚宽 0.6 cm，单荚重 1.2 g，单荚粒数 14.5 粒，籽粒矩圆形、黑色，百粒重 6.2 g。

# 荻港花豇豆

【作物名称】豇豆 *Vigna unguiculata* (Linn.) Walp.

【作物类别】粮食作物

【分　　类】豆科豇豆属

【采集地点】芜湖市繁昌县

【采集编号】P340222025

## 【特征特性】

春播全生育期 157 天，植株蔓生，无限结荚习性，主蔓长 433 cm，茎绿色，叶卵菱形、深绿色，叶缘全缘，花白色。成熟荚弓形、黄橙色，硬荚，荚长 22.5 cm，荚宽 1.0 cm，单荚重 4.9 g，单荚粒数 15.6 粒，籽粒椭圆形、双色，百粒重 27.3 g。

# 荻港红豇豆

【作物名称】豇豆 *Vigna unguiculata* (Linn.) Walp.
【作物类别】粮食作物
【分　　类】豆科豇豆属
【采集地点】芜湖市繁昌县
【采集编号】P340222026

【特征特性】

　　春播全生育期155天，植株蔓生，无限结荚习性，主蔓长445 cm，茎绿色，叶卵菱形、深绿色，叶缘全缘，花紫色。成熟荚圆筒形、黄橙色，硬荚，荚长19.7 cm，荚宽1.1 cm，单荚重5.0 g，单荚粒数16.2 粒，籽粒矩圆形、红色，百粒重20.6 g。

# 何 湾 米 豆

【作物名称】豇豆 *Vigna unguiculata* (Linn.) Walp.

【作物类别】粮食作物

【分　　类】豆科豇豆属

【采集地点】芜湖市南陵县

【采集编号】2020341025

## 【特征特性】

春播全生育期 158 天，植株蔓生，无限结荚习性，主蔓长 446 cm，茎绿色，叶卵菱形、深绿色，叶缘全缘，花白色。成熟荚扁圆条形、黄橙色，硬荚，荚长 16.5 cm，荚宽 0.9 cm，单荚重 2.7 g，单荚粒数 15.3 粒，籽粒椭圆形、双色，百粒重 13.1 g。

# 家发麻豇豆

【作物名称】豇豆 *Vigna unguiculata* (Linn.) Walp.

【作物类别】粮食作物

【分　　类】豆科豇豆属

【采集地点】芜湖市南陵县

【采集编号】2020341049

【特征特性】

春播全生育期 155 天，植株蔓生，无限结荚习性，主蔓长 487 cm，茎绿色，叶卵菱形、深绿色，叶缘全缘，花紫色。成熟荚圆筒形、黄橙色，硬荚，荚长 16.8 cm，荚宽 1.0 cm，单荚重 3.2 g，单荚粒数 14.5 粒，籽粒椭圆形、橙底褐花，百粒重 16.6 g。

# 弋江黑豇豆

【作物名称】豇豆 *Vigna unguiculata* (Linn.) Walp.

【作物类别】粮食作物

【分　　类】豆科豇豆属

【采集地点】芜湖市南陵县

【采集编号】2020341059

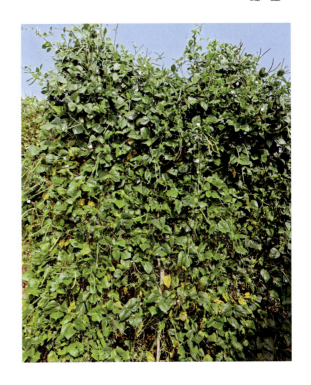

【特征特性】

　　春播全生育期 159 天，植株蔓生，无限结荚习性，主蔓长 438 cm，茎绿色，叶卵菱形、深绿色，叶缘全缘，花紫色。成熟荚圆筒形、黑褐色，硬荚，荚长 15.1 cm，荚宽 0.7 cm，单荚重 2.0 g，单荚粒数 14.3 粒，籽粒矩圆形、黑色，百粒重 10.1 g。

# 许镇红豇豆

【作物名称】豇豆 *Vigna unguiculata* (Linn.) Walp.

【作物类别】粮食作物

【分　　类】豆科豇豆属

【采集地点】芜湖市南陵县

【采集编号】2020341085

【特征特性】

　　春播全生育期 159 天，植株蔓生，无限结荚习性，主蔓长 352 cm，茎绿色，叶长卵菱形、深绿色，叶缘全缘，花紫色。成熟荚圆筒形、黄橙色，硬荚，荚长 18.4 cm，荚宽 0.8 cm，单荚重 3.0 g，单荚粒数 17.1 粒，籽粒矩圆形、红色，百粒重 14.0 g。

# 三里花豇豆

【作物名称】豇豆 *Vigna unguiculata* (Linn.) Walp.

【作物类别】粮食作物

【分　　类】豆科豇豆属

【采集地点】芜湖市南陵县

【采集编号】P340223522

【特征特性】

　　春播全生育期 155 天，植株蔓生，无限结荚习性，主蔓长 384 cm，茎绿色，叶卵圆形、深绿色，叶缘全缘，花紫色。成熟荚扁圆条形、黄橙色，硬荚，荚长 19.2 cm，荚宽 0.9 cm，单荚重 3.1 g，单荚粒数 15.8 粒，籽粒矩圆形、橙底褐花，百粒重 12.0 g。

# 工 山 泥 豆

【作物名称】豇豆 *Vigna unguiculata* (Linn.) Walp.

【作物类别】粮食作物

【分　　类】豆科豇豆属

【采集地点】芜湖市南陵县

【采集编号】P340223534

【特征特性】

春播全生育期 160 天，植株蔓生，无限结荚习性，主蔓长 473 cm，茎绿色，叶卵菱形、深绿色，叶缘全缘，花白色。成熟荚扁圆条形、黄橙色，硬荚，荚长 18.6 cm，荚宽 0.8 cm，单荚重 3.5 g，单荚粒数 16.4 粒，籽粒椭圆形、双色，百粒重 17.5 g。

# 昆 山 泥 豆

【作物名称】豇豆 *Vigna unguiculata* (Linn.) Walp.

【作物类别】粮食作物

【分　　类】豆科豇豆属

【采集地点】芜湖市无为市

【采集编号】P340225042

【特征特性】

　　春播全生育期154天，植株蔓生，无限结荚习性，主蔓长543 cm，茎绿色，叶卵菱形、深绿色，叶缘全缘，花白色。成熟荚扁圆条形、黄橙色，硬荚，荚长19.3 cm，荚宽0.9 cm，单荚重3.5 g，单荚粒数17.2粒，籽粒椭圆形、双色，百粒重16.9 g。

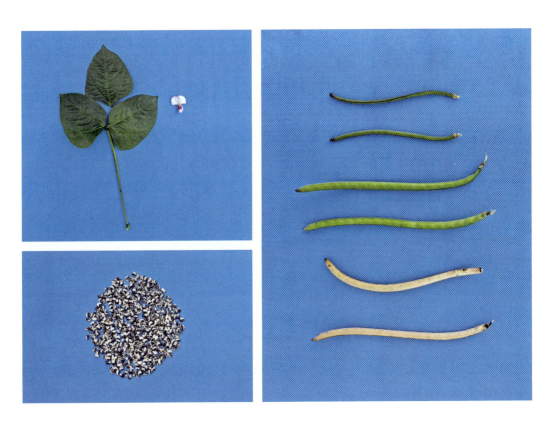

# 昆山白豇豆

【作物名称】豇豆 *Vigna unguiculata* (Linn.) Walp.

【作物类别】粮食作物

【分　　类】豆科豇豆属

【采集地点】芜湖市无为市

【采集编号】P340225043

【特征特性】

　　春播全生育期147天，植株蔓生，无限结荚习性，主蔓长586 cm，茎绿色，叶卵圆形、深绿色，叶缘全缘，花白色。成熟荚扁圆条形、黄橙色，硬荚，荚长20.6 cm，荚宽1.1 cm，单荚重3.2 g，单荚粒数15.1粒，籽粒椭圆形、白色，百粒重16.8 g。

# 昆 山 红 饭 豆

【作物名称】豇豆 *Vigna unguiculata* (Linn.) Walp.

【作物类别】粮食作物

【分　　类】豆科豇豆属

【采集地点】芜湖市无为市

【采集编号】P340225044

【特征特性】

　　春播全生育期157天，植株蔓生，无限结荚习性，主蔓长413 cm，茎绿色，叶卵菱形、深绿色，叶缘全缘，花紫色。成熟荚圆筒形、黄橙色，硬荚，荚长18.7 cm，荚宽1.0 cm，单荚重4.7 g，单荚粒数19.0粒，籽粒矩圆形、红色，百粒重20.4 g。

# 昆山豇豆

【作物名称】豇豆 *Vigna unguiculata* (Linn.) Walp.
【作物类别】粮食作物
【分　　类】豆科豇豆属
【采集地点】芜湖市无为市
【采集编号】P340225045

## 【特征特性】

春播全生育期 156 天，植株蔓生，无限结荚习性，主蔓长 429 cm，茎绿色，叶卵菱形、深绿色，叶缘全缘，花紫色。成熟荚弓形、黄橙色，硬荚，荚长 19.9 cm，荚宽 1.2 cm，单荚重 5.3 g，单荚粒数 17.6 粒，籽粒近三角形、橙色，百粒重 26.1 g。

# 花 桥 豇 豆

【作物名称】豇豆 *Vigna unguiculata* (Linn.) Walp.

【作物类别】粮食作物

【分　　类】豆科豇豆属

【采集地点】芜湖市湾沚区

【采集编号】P340221017

【特征特性】

　　春播全生育期156天，植株蔓生，无限结荚习性，主蔓长405 cm，茎绿色，叶卵圆形、深绿色，叶缘全缘，花紫色。成熟荚扁圆条形、黄橙色，硬荚，荚长20.3 cm，荚宽1.0 cm，单荚重4.5 g，单荚粒数16.5粒，籽粒矩圆形、橙色，百粒重23.4 g。

# 桃州野豇豆

【作物名称】豇豆 *Vigna unguiculata* (Linn.) Walp.

【作物类别】粮食作物

【分　　类】豆科豇豆属

【采集地点】宣城市广德市

【采集编号】P341882026

【特征特性】

　　春播全生育期 151 天，植株蔓生，无限结荚习性，主蔓长 473 cm，茎绿色，叶卵菱形、深绿色，叶缘全缘，花紫色。成熟荚圆筒形、黄褐色，硬荚，荚长 12.2 cm，荚宽 0.7 cm，单荚重 1.2 g，单荚粒数 12.7 粒，籽粒矩圆形、黑色，百粒重 7.1 g。

# 长安饭豆

【作物名称】豇豆 *Vigna unguiculata* (Linn.) Walp.

【作物类别】粮食作物

【分　　类】豆科豇豆属

【采集地点】宣城市绩溪县

【采集编号】P341824036

【特征特性】

　　春播全生育期 157 天，植株蔓生，无限结荚习性，主蔓长 435 cm，茎绿色，叶卵菱形、深绿色，叶缘全缘，花紫色。成熟荚扁圆条形、黄橙色，硬荚，荚长 27.1 cm，荚宽 1.0 cm，单荚重 5.3 g，单荚粒数 16.1 粒，籽粒肾形、黑色，百粒重 22.5 g。

# 昌 桥 黑 豇 豆

【作物名称】豇豆 *Vigna unguiculata* (Linn.) Walp.
【作物类别】粮食作物
【分　　类】豆科豇豆属
【采集地点】宣城市泾县
【采集编号】2022341823004

## 【特征特性】

春播全生育期155天，植株蔓生，无限结荚习性，主蔓长527 cm，茎绿色，叶卵菱形、深绿色，叶缘全缘，花紫色。成熟荚弓形、黑褐色，硬荚，荚长10.5 cm，荚宽0.6 cm，单荚重0.9 g，单荚粒数12.4粒，籽粒矩圆形、黑色，百粒重4.9 g。

# 丁 家 桥 野 豇 豆

【作物名称】豇豆 *Vigna unguiculata* (Linn.) Walp.

【作物类别】粮食作物

【分　　类】豆科豇豆属

【采集地点】宣城市泾县

【采集编号】P342529034

【特征特性】

　　春播全生育期155天，植株蔓生，无限结荚习性，主蔓长433 cm，茎绿色，叶卵菱形、深绿色，叶缘全缘，花紫色。成熟荚弓形、黑褐色，硬荚，荚长9.5 cm，荚宽0.6 cm，单荚重0.8 g，单荚粒数11.3粒，籽粒矩圆形、黑色，百粒重5.6 g。

# 涛 城 黑 豇 豆

【作物名称】豇豆 *Vigna unguiculata* (Linn.) Walp.

【作物类别】粮食作物

【分　　类】豆科豇豆属

【采集地点】宣城市郎溪县

【采集编号】P341821019

## 【特征特性】

春播全生育期153天，植株蔓生，无限结荚习性，主蔓长504 cm，茎绿色，叶卵菱形、深绿色，叶缘全缘，花紫色。成熟荚圆筒形、黄褐色，硬荚，荚长12.5 cm，荚宽0.7 cm，单荚重1.1 g，单荚粒数14.0粒，籽粒矩圆形、黑色，百粒重5.7 g。

# 涛 城 红 豇 豆

【作物名称】豇豆 *Vigna unguiculata* (Linn.) Walp.

【作物类别】粮食作物

【分　　类】豆科豇豆属

【采集地点】宣城市郎溪县

【采集编号】P341821021

【特征特性】

　　春播全生育期 157 天，植株蔓生，无限结荚习性，主蔓长 512 cm，茎绿色，叶卵菱形、深绿色，叶缘全缘，花紫色。成熟荚圆筒形、黄橙色，硬荚，荚长 16.7 cm，荚宽 1.0 cm，单荚重 3.5 g，单荚粒数 15.6 粒，籽粒矩圆形、红色，百粒重 17.3 g。

# 建 平 饭 豆

【作物名称】豇豆 *Vigna unguiculata* (Linn.) Walp.

【作物类别】粮食作物

【分　　类】豆科豇豆属

【采集地点】宣城市郎溪县

【采集编号】P341821022

【特征特性】

　　春播全生育期 163 天，植株蔓生，无限结荚习性，主蔓长 546 cm，茎绿色，叶卵菱形、深绿色，叶缘全缘，花紫色。成熟荚圆筒形、黑褐色，硬荚，荚长 14.6 cm，荚宽 0.7 cm，单荚重 2.1 g，单荚粒数 15.2 粒，籽粒矩圆形、红色，百粒重 10.3 g。

# 汪 溪 豇 豆

【作物名称】豇豆 *Vigna unguiculata* (Linn.) Walp.

【作物类别】粮食作物

【分　　类】豆科豇豆属

【采集地点】宣城市宁国市

【采集编号】2021345122

【特征特性】

　　春播全生育期 157 天，植株蔓生，无限结荚习性，主蔓长 546 cm，茎绿色，叶卵菱形、深绿色，叶缘全缘，花紫色。成熟荚扁圆条形、黄橙色，硬荚，荚长 19.4 cm，荚宽 1.1 cm，单荚重 4.9 g，单荚粒数 16.0 粒，籽粒矩圆形、红色，百粒重 26.5 g。

# 汪溪白豇豆

【作物名称】豇豆 *Vigna unguiculata* (Linn.) Walp.
【作物类别】粮食作物
【分　　类】豆科豇豆属
【采集地点】宣城市宁国市
【采集编号】2021345123

## 【特征特性】

　　春播全生育期 147 天，植株蔓生，无限结荚习性，主蔓长 391 cm，茎绿色，叶卵菱形、深绿色，叶缘全缘，花白色。成熟荚扁圆条形、黄橙色，硬荚，荚长 20.0 cm，荚宽 1.0 cm，单荚重 4.1 g，单荚粒数 13.6粒，籽粒椭圆形、白色，百粒重 17.8 g。

# 仙霞老红豆

【作物名称】豇豆 *Vigna unguiculata* (Linn.) Walp.

【作物类别】粮食作物

【分　　类】豆科豇豆属

【采集地点】宣城市宁国市

【采集编号】2021345136

【特征特性】

春播全生育期157天，植株蔓生，无限结荚习性，主蔓长489 cm，茎绿色，叶卵菱形、深绿色，叶缘全缘，花紫色。成熟荚圆筒形、黄橙色，硬荚，荚长18.2 cm，荚宽1.0 cm，单荚重5.0 g，单荚粒数14.7粒，籽粒矩圆形、红色，百粒重27.4 g。

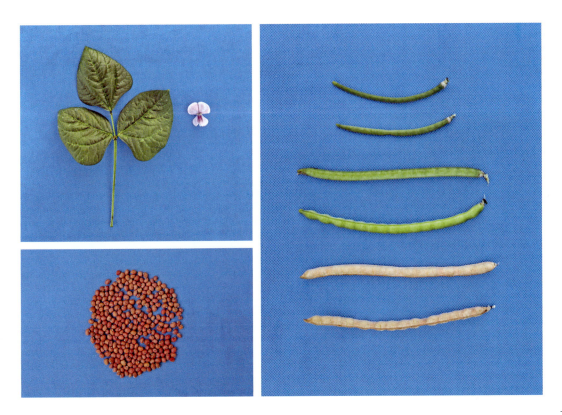

# 汪溪麻豇豆

【作物名称】豇豆 *Vigna unguiculata* (Linn.) Walp.

【作物类别】粮食作物

【分　　类】豆科豇豆属

【采集地点】宣城市宁国市

【采集编号】2021345164

## 【特征特性】

　　春播全生育期 145 天，植株蔓生，无限结荚习性，主蔓长 367 cm，茎绿色，叶卵菱形、深绿色，叶缘全缘，花紫色。成熟荚扁圆条形、黄橙色，硬荚，荚长 20.4 cm，荚宽 0.9 cm，单荚重 3.7 g，单荚粒数 16.1 粒，籽粒椭圆形、橙底褐花，百粒重 19.0 g。

# 汪 溪 红 豇 豆

【作物名称】豇豆 *Vigna unguiculata* (Linn.) Walp.

【作物类别】粮食作物

【分　　类】豆科豇豆属

【采集地点】宣城市宁国市

【采集编号】2021345166

【特征特性】

春播全生育期156天，植株蔓生，无限结荚习性，主蔓长433 cm，茎绿色，叶卵菱形、深绿色，叶缘全缘，花紫色。成熟荚圆筒形、黄色，硬荚，荚长14.0 cm，荚宽0.6 cm，单荚重2.0 g，单荚粒数15.3粒，籽粒矩圆形、红色，百粒重8.4 g。

# 姚 高 豇 豆

【作物名称】豇豆 *Vigna unguiculata* (Linn.) Walp.
【作物类别】粮食作物
【分　　类】豆科豇豆属
【采集地点】宣城市宁国市
【采集编号】2021345168

## 【特征特性】

　　春播全生育期 157 天，植株蔓生，无限结荚习性，主蔓长 406 cm，茎绿色，叶卵菱形、深绿色，叶缘全缘，花紫色。成熟荚扁圆条形、黄橙色，硬荚，荚长 23.1 cm，荚宽 1.3 cm，单荚重 5.3 g，单荚粒数 14.6 粒，籽粒近三角形、橙色，百粒重 28.6 g。

野大豆

# 黄龙野大豆

【作物名称】野大豆 *Glycine soja* Sieb. et Zucc.

【作物类别】粮食作物

【分　　类】豆科大豆属

【采集地点】安庆市怀宁县

【采集编号】P340822038

【特征特性】

　　植株蔓生，茎纤细，叶绿色，卵圆形，具 3 小叶。花紫色，蝶形，花期 7~8 月，果期 8~10 月。荚果弯镰形，荚长 2.2~2.6 cm，荚宽 0.4~0.5 cm，单荚粒数 3 粒，籽粒圆形，种皮黑色，百粒重 1.9 g。

# 复 兴 野 大 豆

【作物名称】野大豆 *Glycine soja* Sieb. et Zucc.

【作物类别】粮食作物

【分　　类】豆科大豆属

【采集地点】安庆市宿松县

【采集编号】P340181232

【特征特性】

　　植株蔓生，茎纤细，叶深绿色，椭圆形，具3小叶。花紫色，蝶形，花期7~8月，果期8~10月。荚果弯镰形，荚长2.0~2.9 cm，荚宽0.4~0.5 cm，单荚粒数3粒，籽粒圆形，种皮黑色，百粒重2.3 g。

# 雷池野大豆

【作物名称】野大豆 *Glycine soja* Sieb. et Zucc.

【作物类别】粮食作物

【分　　类】豆科大豆属

【采集地点】安庆市望江县

【采集编号】P340827027

## 【特征特性】

　　植株蔓生，茎纤细，叶绿色，椭圆形，具 3 小叶。花紫色，蝶形，花期 7~8 月，果期 8~10 月。荚果弯镰形，荚长 1.3~2.1 cm，荚宽 0.3~0.4 cm，单荚粒数 2~3 粒，籽粒圆形，种皮黑色，百粒重 2.0 g。

# 荆 山 野 大 豆

【作物名称】野大豆 *Glycine soja* Sieb. et Zucc.
【作物类别】粮食作物
【分　　类】豆科大豆属
【采集地点】蚌埠市怀远县
【采集编号】P340321030

【特征特性】

　　植株蔓生，茎纤细，叶深绿色，椭圆形，具 3 小叶。花紫色，蝶形，花期 7~8 月，果期 8~10 月。荚果弯镰形，荚长 1.9~2.1 cm，荚宽 0.4~0.5 cm，单荚粒数 3 粒，籽粒圆形，种皮黑色，百粒重 1.6 g。

# 白莲坡野大豆

【作物名称】野大豆 *Glycine soja* Sieb. et Zucc.

【作物类别】粮食作物

【分　　类】豆科大豆属

【采集地点】蚌埠市怀远县

【采集编号】P340321046

【特征特性】

植株蔓生，茎纤细，叶深绿色，椭圆形，具 3 小叶。花紫色，蝶形，花期 7~8 月，果期 8~10 月。荚果弯镰形，荚长 2.0~2.5 cm，荚宽 0.4~0.5 cm，单荚粒数 3 粒，籽粒圆形，种皮黑色，百粒重 2.1 g。

# 新 集 野 大 豆

【作物名称】野大豆 *Glycine soja* Sieb. et Zucc.

【作物类别】粮食作物

【分　　类】豆科大豆属

【采集地点】蚌埠市五河县

【采集编号】2019345003

【特征特性】

　　植株蔓生，茎纤细，叶绿色，卵圆形，具3小叶。花紫色，蝶形，花期7~8月，果期8~10月。荚果弯镰形，荚长1.9~2.5 cm，荚宽0.4~0.5 cm，单荚粒数2~3粒，籽粒圆形，种皮黑色，百粒重1.3 g。

# 申集野大豆

【作物名称】野大豆 *Glycine soja* Sieb. et Zucc.
【作物类别】粮食作物
【分　　类】豆科大豆属
【采集地点】蚌埠市五河县
【采集编号】P340322007

## 【特征特性】

植株蔓生，茎纤细，叶绿色，椭圆形，具 3 小叶。花紫色，蝶形，花期 7~8 月，果期 8~10 月。荚果弯镰形，荚长 2.1~3.0 cm，荚宽 0.4~0.6 cm，单荚粒数 3 粒，籽粒圆形，种皮黑色，百粒重 1.9 g。

# 浍 南 野 大 豆

【作物名称】野大豆 *Glycine soja* Sieb. et Zucc.

【作物类别】粮食作物

【分　　类】豆科大豆属

【采集地点】蚌埠市五河县

【采集编号】P340322008

## 【特征特性】

植株蔓生，茎纤细，叶深绿色，圆形，具3小叶。花紫色，蝶形，花期7~8月，果期8~10月。荚果弯镰形，荚长3.0~3.4 cm，荚宽0.5~0.6 cm，单荚粒数2~4粒，籽粒圆形，种皮青色，百粒重5.6 g。

# 观堂野大豆

【作物名称】野大豆 *Glycine soja* Sieb. et Zucc.

【作物类别】粮食作物

【分　　类】豆科大豆属

【采集地点】亳州市谯城区

【采集编号】P341602053

## 【特征特性】

植株蔓生，茎纤细，叶绿色，卵圆形，具3小叶。花紫色，蝶形，花期7~8月，果期8~10月。荚果弯镰形，荚长1.7~2.1 cm，荚宽0.4~0.5 cm，单荚粒数3粒，籽粒圆形，种皮黑色，百粒重1.4 g。

# 义门野大豆

【作物名称】野大豆 *Glycine soja* Sieb. et Zucc.

【作物类别】粮食作物

【分　　类】豆科大豆属

【采集地点】亳州市涡阳县

【采集编号】P341621016

【特征特性】

　　植株蔓生，茎纤细，叶绿色，卵圆形，具3小叶。花紫色，蝶形，花期7~8月，果期8~10月。荚果弯镰形，荚长1.7~2.3 cm，荚宽0.4~0.5 cm，单荚粒数3~4粒，籽粒圆形，种皮黑色，百粒重1.4 g。

# 墩 上 野 大 豆

【作物名称】野大豆 *Glycine soja* Sieb. et Zucc.

【作物类别】粮食作物

【分　　类】豆科大豆属

【采集地点】池州市贵池区

【采集编号】P341702015

## 【特征特性】

植株蔓生，茎纤细，叶绿色，椭圆形，具 3 小叶。花紫色，蝶形，花期 7~8 月，果期 8~10 月。荚果弯镰形，荚长 1.9~2.4 cm，荚宽 0.4~0.5 cm，单荚粒数 2~3 粒，籽粒圆形，种皮黑色，百粒重 1.6 g。

# 杜村野大豆

【作物名称】野大豆 *Glycine soja* Sieb. et Zucc.

【作物类别】粮食作物

【分　　类】豆科大豆属

【采集地点】池州市青阳县

【采集编号】P341723011

【特征特性】

　　植株蔓生，茎纤细，叶淡绿色，卵圆形，具 3 小叶。花紫色，蝶形，花期 7~8 月，果期 8~10 月。荚果弯镰形，荚长 1.7~2.1 cm，荚宽 0.3~0.4 cm，单荚粒数 3~4 粒，籽粒圆形，种皮黑色，百粒重 1.1 g。

# 蓉城野大豆

【作物名称】野大豆 *Glycine soja* Sieb. et Zucc.

【作物类别】粮食作物

【分　　类】豆科大豆属

【采集地点】池州市青阳县

【采集编号】P341723013

【特征特性】

植株蔓生，茎纤细，叶绿色，椭圆形，具 3 小叶。花紫色，蝶形，花期 7~8 月，果期 8~10 月。荚果弯镰形，荚长 1.7~2.2 cm，荚宽 0.4~0.5 cm，单荚粒数 2~3 粒，籽粒圆形，种皮黑色，百粒重 1.3 g。

# 炉 桥 野 大 豆

【作物名称】野大豆 *Glycine soja* Sieb. et Zucc.

【作物类别】粮食作物

【分　　类】豆科大豆属

【采集地点】滁州市定远县

【采集编号】P341125015

【特征特性】

　　植株蔓生，茎纤细，叶绿色，椭圆形，具 3 小叶。花紫色，蝶形，花期 7~8 月，果期 8~10 月。荚果弯镰形，荚长 1.5~2.0 cm，荚宽 0.3~0.5 cm，单荚粒数 2~3 粒，籽粒圆形，种皮黑色，百粒重 1.3 g。

# 总铺野大豆

【作物名称】野大豆 *Glycine soja* Sieb. et Zucc.

【作物类别】粮食作物

【分　　类】豆科大豆属

【采集地点】滁州市凤阳县

【采集编号】P341126027

【特征特性】

　　植株蔓生，茎纤细，叶绿色，椭圆形，具3小叶。花紫色，蝶形，花期7~8月，果期8~10月。荚果弯镰形，荚长2.0~2.2 cm，荚宽0.4~0.5 cm，单荚粒数2~3粒，籽粒圆形，种皮黑色，百粒重1.4 g。

# 施 集 野 大 豆

【作物名称】野大豆 *Glycine soja* Sieb. et Zucc.
【作物类别】粮食作物
【分　　类】豆科大豆属
【采集地点】滁州市南谯区
【采集编号】P341103014

【特征特性】

　　植株蔓生，茎纤细，叶绿色，卵圆形，具3小叶。花紫色，蝶形，花期7~8月，果期8~10月。荚果弯镰形，荚长1.5~2.4 cm，荚宽0.4~0.5 cm，单荚粒数2~3粒，籽粒圆形，种皮黑色，百粒重1.4 g。

# 张 铺 野 大 豆

【作物名称】野大豆 *Glycine soja* Sieb. et Zucc.
【作物类别】粮食作物
【分　　类】豆科大豆属
【采集地点】滁州市天长市
【采集编号】P341181016

## 【特征特性】

植株蔓生，茎纤细，叶淡绿色，椭圆形，具 3 小叶。花紫色，蝶形，花期 7~8 月，果期 8~10 月。荚果弯镰形，荚长 1.7~2.4 cm，荚宽 0.4~0.5 cm，单荚粒数 2~3 粒，籽粒圆形，种皮黑色，百粒重 1.5 g。

# 工 民 野 大 豆

【作物名称】野大豆 *Glycine soja* Sieb. et Zucc.

【作物类别】粮食作物

【分　　类】豆科大豆属

【采集地点】合肥市巢湖市

【采集编号】P340181234

【特征特性】

植株蔓生，茎纤细，叶绿色，卵圆形，具3小叶。花紫色，蝶形，花期7~8月，果期8~10月。荚果弯镰形，荚长2.0~2.3 cm，荚宽0.4~0.5 cm，单荚粒数2~3粒，籽粒圆形，种皮黑色，百粒重1.9 g。

# 白龙野大豆

【作物名称】野大豆 *Glycine soja* Sieb. et Zucc.

【作物类别】粮食作物

【分　　类】豆科大豆属

【采集地点】合肥市肥东县

【采集编号】2019343120

## 【特征特性】

植株蔓生，茎纤细，叶绿色，卵圆形，具 3 小叶。花紫色，蝶形，花期 7~8 月，果期 8~10 月。荚果弯镰形，荚长 2.0~2.3 cm，荚宽 0.4~0.5 cm，单荚粒数 2~3 粒，籽粒圆形，种皮黑色，百粒重 1.7 g。

# 撮镇野大豆

【作物名称】野大豆 *Glycine soja* Sieb. et Zucc.

【作物类别】粮食作物

【分　　类】豆科大豆属

【采集地点】合肥市肥东县

【采集编号】P340122028

【特征特性】

　　植株蔓生，茎纤细，叶绿色，椭圆形，具3小叶。花紫色，蝶形，花期7~8月，果期8~10月。荚果弯镰形，荚长2.1~3.0 cm，荚宽0.4~0.5 cm，单荚粒数2~3粒，籽粒圆形，种皮黑色，百粒重2.7 g。

# 白 湖 野 大 豆

【作物名称】野大豆 *Glycine soja* Sieb. et Zucc.

【作物类别】粮食作物

【分　　类】豆科大豆属

【采集地点】合肥市庐江县

【采集编号】P340124023

【特征特性】

　　植株蔓生，茎纤细，叶淡绿色，椭圆形，具3小叶。花紫色，蝶形，花期7~8月，果期8~10月。荚果弯镰形，荚长 2.0~2.5 cm，荚宽 0.4~0.5 cm，单荚粒数2~3粒，籽粒圆形，种皮黑色，百粒重1.6 g。

# 八公山野大豆

【作物名称】野大豆 *Glycine soja* Sieb. et Zucc.

【作物类别】粮食作物

【分　　类】豆科大豆属

【采集地点】南市八公山区

【采集编号】P340405024

【特征特性】

　　植株蔓生，茎纤细，叶绿色，椭圆形，具 3 小叶。花紫色，蝶形，花期 7~8 月，果期 8~10 月。荚果弯镰形，荚长 2.0~2.5 cm，荚宽 0.4~0.5 cm，单荚粒数 2~3 粒，籽粒圆形，种皮黑色，百粒重 1.7 g。

# 凤 凰 野 大 豆

【作物名称】野大豆 *Glycine soja* Sieb. et Zucc.

【作物类别】粮食作物

【分　　类】豆科大豆属

【采集地点】淮南市凤台县

【采集编号】2019341073

## 【特征特性】

植株蔓生，茎纤细，叶深绿色，椭圆形，具3小叶。花紫色，蝶形，花期7~8月，果期8~10月。荚果弯镰形，荚长1.8~2.1 cm，荚宽0.4~0.5 cm，单荚粒数2~3粒，籽粒圆形，种皮黑色，百粒重1.4 g。

# 祁 集 野 大 豆

【作物名称】野大豆 *Glycine soja* Sieb. et Zucc.

【作物类别】粮食作物

【分　　类】豆科大豆属

【采集地点】淮南市潘集区

【采集编号】P340406011

## 【特征特性】

植株蔓生，茎纤细，叶深绿色，椭圆形，具 3 小叶。花紫色，蝶形，花期 7~8 月，果期 8~10 月。荚果弯镰形，荚长 2.0~2.2 cm，荚宽 0.3~0.5 cm，单荚粒数 2~3 粒，籽粒圆形，种皮黑色，百粒重 1.6 g。

# 安丰野大豆

【作物名称】野大豆 *Glycine soja* Sieb. et Zucc.
【作物类别】粮食作物
【分　　类】豆科大豆属
【采集地点】淮南市寿县
【采集编号】P340422017

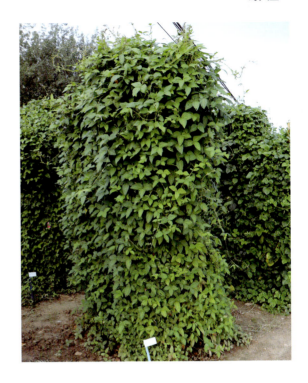

## 【特征特性】

植株蔓生，茎纤细，叶绿色，卵圆形，具 3 小叶。花紫色，蝶形，花期 7~8 月，果期 8~10 月。荚果弯镰形，荚长 2.0~2.5 cm，荚宽 0.4~0.5 cm，单荚粒数 3~4 粒，籽粒圆形，种皮黑色，百粒重 1.4 g。

# 耿城野大豆

【作物名称】野大豆 *Glycine soja* Sieb. et Zucc.
【作物类别】粮食作物
【分　　类】豆科大豆属
【采集地点】黄山市黄山区
【采集编号】P341003075

## 【特征特性】

植株蔓生，茎纤细，叶绿色，椭圆形，具3小叶。花紫色，蝶形，花期7~8月，果期8~10月。荚果弯镰形，荚长1.5~2.0 cm，荚宽0.4~0.5 cm，单荚粒数2~3粒，籽粒圆形，种皮黑色，百粒重1.4 g。

# 杨 三 寨 野 大 豆

【作物名称】野大豆 *Glycine soja* Sieb. et Zucc.

【作物类别】粮食作物

【分　　类】豆科大豆属

【采集地点】六安市霍山县

【采集编号】P341525023

## 【特征特性】

　　植株蔓生，茎纤细，叶绿色，卵圆形，具 3 小叶。花紫色，蝶形，花期 7~8 月，果期 8~10 月。荚果弯镰形，荚长 2.1~2.4 cm，荚宽 0.4~0.5 cm，单荚粒数 3~4 粒，籽粒圆形，种皮黑色，百粒重 1.4 g。

# 百神庙野大豆

【作物名称】野大豆 *Glycine soja* Sieb. et Zucc.

【作物类别】粮食作物

【分　　类】豆科大豆属

【采集地点】六安市舒城县

【采集编号】P341523076

【特征特性】

　　植株蔓生，茎纤细，叶绿色，卵圆形，具3小叶。花紫色，蝶形，花期7~8月，果期8~10月。荚果弯镰形，荚长1.9~2.3 cm，荚宽0.4~0.5 cm，单荚粒数3~4粒，籽粒圆形，种皮黑色，百粒重1.3 g。

# 灵 城 野 大 豆

【作物名称】野大豆 *Glycine soja* Sieb. et Zucc.

【作物类别】粮食作物

【分　　类】豆科大豆属

【采集地点】宿州市灵璧县

【采集编号】P341323076

## 【特征特性】

　　植株蔓生，茎纤细，叶绿色，椭圆形，具 3 小叶。花紫色，蝶形，花期 7~8 月，果期 8~10 月。荚果弯镰形，荚长 2.2~2.6 cm，荚宽 0.4~0.5 cm，单荚粒数 3~4 粒，籽粒圆形，种皮黑色，百粒重 1.6 g。

# 大路口野大豆

【作物名称】野大豆 *Glycine soja* Sieb. et Zucc.
【作物类别】粮食作物
【分　　类】豆科大豆属
【采集地点】宿州市泗县
【采集编号】P341324038

## 【特征特性】

植株蔓生，茎纤细，叶深绿色，椭圆形，具3小叶。花紫色，蝶形，花期7~8月，果期8~10月。荚果弯镰形，荚长2.2~2.4 cm，荚宽0.4~0.5 cm，单荚粒数3~4粒，籽粒圆形，种皮黑色，百粒重1.9 g。

# 圣泉野大豆

【作物名称】野大豆 *Glycine soja* Sieb. et Zucc.

【作物类别】粮食作物

【分　　类】豆科大豆属

【采集地点】宿州市萧县

【采集编号】2020345014

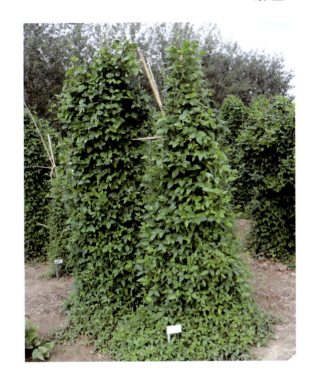

【特征特性】

植株蔓生，茎纤细，叶绿色，卵圆形，具3小叶。花紫色，蝶形，花期7~8月，果期8~10月。荚果弯镰形，荚长2.1~2.2 cm，荚宽0.4~0.5 cm，单荚粒数2~3粒，籽粒圆形，种皮黑色，百粒重1.4 g。

# 桃园野大豆

【作物名称】野大豆 *Glycine soja* Sieb. et Zucc.

【作物类别】粮食作物

【分　　类】豆科大豆属

【采集地点】宿州市埇桥区

【采集编号】P341302028

【特征特性】

　　植株蔓生，茎纤细，叶绿色，椭圆形，具3小叶。花紫色，蝶形，花期7~8月，果期8~10月。荚果弯镰形，荚长1.9~2.3 cm，荚宽0.4~0.5 cm，单荚粒数3~4粒，籽粒圆形，种皮黑色，百粒重1.4 g。

# 桃园白花野大豆

【作物名称】野大豆 *Glycine soja* Sieb. et Zucc.

【作物类别】粮食作物

【分　　类】豆科大豆属

【采集地点】宿州市埇桥区

【采集编号】P341302029

## 【特征特性】

植株蔓生，茎纤细，叶深绿色，披针形，具 3 小叶。花白色，蝶形，花期 7~8 月，果期 8~10 月。荚果弯镰形，荚长 1.8~2.0 cm，荚宽 0.4~0.5 cm，单荚粒数 3~4 粒，籽粒圆形，种皮黑色，百粒重 1.1 g。

# 钱 铺 野 大 豆

【作物名称】野大豆 *Glycine soja* Sieb. et Zucc.

【作物类别】粮食作物

【分　　类】豆科大豆属

【采集地点】铜陵市枞阳县

【采集编号】P340722019

【特征特性】

　　植株蔓生，茎纤细，叶绿色，卵圆形，具3小叶。花紫色，蝶形，花期7~8月，果期8~10月。荚果弯镰形，荚长2.0~2.9 cm，荚宽0.5~0.6 cm，单荚粒数3~4粒，籽粒圆形，种皮黑色，百粒重1.5 g。

# 钟鸣大叶野大豆

【作物名称】野大豆 *Glycine soja* Sieb. et Zucc.

【作物类别】粮食作物

【分　　类】豆科大豆属

【采集地点】铜陵市义安区

【采集编号】2019344022

## 【特征特性】

植株蔓生，茎纤细，叶淡绿色，椭圆形，具 3 小叶。花紫色，蝶形，花期 7~8 月，果期 8~10 月。荚果弯镰形，荚长 1.8~2.2 cm，荚宽 0.4~0.5 cm，单荚粒数 2~3 粒，籽粒圆形，种皮黑色，百粒重 1.7 g。

# 顺安圆叶野大豆

【作物名称】野大豆 *Glycine soja* Sieb. et Zucc.

【作物类别】粮食作物

【分　　类】豆科大豆属

【采集地点】铜陵市枞阳县

【采集编号】P340722019

【特征特性】

　　植株蔓生，茎纤细，叶绿色，卵圆形，具 3 小叶。花紫色，蝶形，花期 7~8 月，果期 8~10 月。荚果弯镰形，荚长 2.0~2.9 cm，荚宽 0.5~0.6 cm，单荚粒数 3~4 粒，籽粒圆形，种皮黑色，百粒重 1.5 g。

# 工 山 野 大 豆

【作物名称】野大豆 *Glycine soja* Sieb. et Zucc.

【作物类别】粮食作物

【分　　类】豆科大豆属

【采集地点】芜湖市南陵县

【采集编号】P340223514

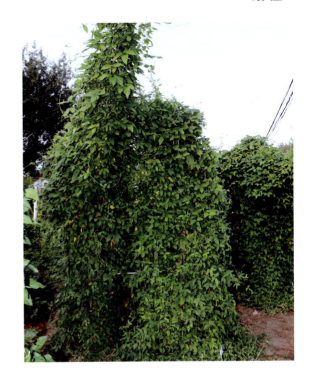

## 【特征特性】

植株蔓生，茎纤细，叶绿色，卵圆形，具 3 小叶。花紫色，蝶形，花期 7~8 月，果期 8~10 月。荚果弯镰形，荚长 2.0~2.7 cm，荚宽 0.4~0.5 cm，单荚粒数 3~4 粒，籽粒圆形，种皮黑色，百粒重 1.4 g。

# 牛埠野大豆

【作物名称】野大豆 *Glycine soja* Sieb. et Zucc.

【作物类别】粮食作物

【分　　类】豆科大豆属

【采集地点】芜湖市无为县

【采集编号】P340225024

【特征特性】

　　植株蔓生，茎纤细，叶绿色，椭圆形，具3小叶。花紫色，蝶形，花期7~8月，果期8~10月。荚果弯镰形，荚长2.7~2.3 cm，荚宽0.4~0.5 cm，单荚粒数2~4粒，籽粒圆形，种皮黑色，百粒重1.7 g。

# 红 杨 野 大 豆

【作物名称】野大豆 *Glycine soja* Sieb. et Zucc.

【作物类别】粮食作物

【分　　类】豆科大豆属

【采集地点】芜湖市湾沚区

【采集编号】P340221028

## 【特征特性】

植株蔓生，茎纤细，叶深绿色，椭圆形，具 3 小叶。花紫色，蝶形，花期 7~8 月，果期 8~10 月。荚果弯镰形，荚长 1.6~2.6 cm，荚宽 0.4~0.5 cm，单荚粒数 2~4 粒，籽粒圆形，种皮黑色，百粒重 2.1 g。

小

豆

# 北浴小红豆

【作物名称】小豆 *Vigna angularis* (Willd.) Ohwi
　　　　　& H. Ohashi
【作物类别】粮食作物
【分　　类】豆科豇豆属
【采集地点】安庆市宿松县
【采集编号】P340826037

【特征特性】

　　植株直立型，无限结荚习性，生育日数113天左右。幼茎绿色，株高约70 cm，主茎分枝3~5个，叶心脏形，叶片较大，花黄色，单株荚数约45个。幼荚绿色，成熟荚呈黄白色，弓形，荚长7~10 cm，单荚粒数8~10粒，籽粒短圆柱形，种皮红色，种脐白色，百粒重15.1 g，单株产量约36.2 g。

# 将 军 红 米 豆

【作物名称】小豆 *Vigna angularis* (Willd.) Ohwi
                       & H. Ohashi
【作物类别】粮食作物
【分　　类】豆科豇豆属
【采集地点】安庆市太湖县
【采集编号】2021349070

## 【特征特性】

　　植株直立型，无限结荚习性，生育日数 113 天左右。幼茎绿色，株高约 71 cm，主茎分枝 3~5 个，叶心脏形，叶片大小中等，花黄色，单株荚数约 109 个。幼荚绿色，成熟荚呈黄白色，镰刀形，荚长 9~11 cm，单荚粒数 9~10 粒，籽粒短圆柱形，种皮红色，种脐白色，百粒重 12.8 g，单株产量约 76.0 g。

# 程 岭 红 豆

【作物名称】小豆 *Vigna angularis* (Willd.) Ohwi
& H. Ohashi
【作物类别】粮食作物
【分　　类】豆科豇豆属
【采集地点】安庆市太湖县
【采集编号】2021349137

【特征特性】

　　植株半蔓生型，无限结荚习性，生育日数 105 天左右。幼茎绿色，株高约 74 cm，主茎分枝 2~3 个，叶卵圆形，叶片较小，花黄色，单株荚数约 22 个。幼荚绿色，成熟荚呈黄白色，圆筒形，荚长 6~9 cm，单荚粒数 7~10 粒，籽粒短圆柱形，种皮红色，种脐白色，百粒重 7.2 g，单株产量约 8.5 g。

# 栗 树 红 豆

【作物名称】小豆 *Vigna angularis* (Willd.) Ohwi & H. Ohashi

【作物类别】粮食作物

【分　　类】豆科豇豆属

【采集地点】安庆市桐城市

【采集编号】2022340881007

## 【特征特性】

植株直立型，无限结荚习性，生育日数 115 天左右。幼茎绿色，株高约 75 cm，主茎分枝 3~4 个，叶心脏形，叶片大小中等，花黄色，单株荚数约 66 个。幼荚绿色，成熟荚呈黄白色，镰刀形，荚长 9~11 cm，单荚粒数 9~10 粒，籽粒短圆柱形，种皮红色，种脐白色，百粒重 9.2 g，单株产量约 41.8 g。

# 圆红米豆

【作物名称】小豆 *Vigna angularis* (Willd.) Ohwi & H. Ohashi

【作物类别】粮食作物

【分　　类】豆科豇豆属

【采集地点】安庆市岳西县

【采集编号】2020342011

【特征特性】

　　植株直立型，无限结荚习性，生育日数115天左右。幼茎绿色，株高约50 cm，主茎分枝3~4个，叶卵圆形，叶片大小中等，花黄色，单株荚数约31个。幼荚绿色，成熟荚呈黄白色，圆筒形，荚长6~8 cm，单荚粒数7~9粒，籽粒球形，种皮红色，种脐白色，百粒重12.8 g，单株产量约26.0 g。

# 朱 顶 小 红 豆

【作物名称】小豆 *Vigna angularis* (Willd.) Ohwi & H. Ohashi

【作物类别】粮食作物

【分　　类】豆科豇豆属

【采集地点】蚌埠市五河县

【采集编号】2019345030

## 【特征特性】

植株半蔓生型，无限结荚习性，生育日数 121 天左右。幼茎绿色，株高约 89 cm，主茎分枝 3~4 个，叶心脏形，叶片大小中等，花黄色，单株荚数约 82 个。幼荚绿色，成熟荚呈黄白色，镰刀形，荚长 10~12 cm，单荚粒数 8~10 粒，籽粒长圆柱形，种皮红色或褐色，种脐白色，百粒重 14.1 g，单株产量约 68.5 g。

# 申 集 小 红 豆

**【作物名称】**小豆 *Vigna angularis* (Willd.) Ohwi
& H. Ohashi
**【作物类别】**粮食作物
**【分　　类】**豆科豇豆属
**【采集地点】**蚌埠市五河县
**【采集编号】**2019345079

## 【特征特性】

　　植株半蔓生型，无限结荚习性，生育日数 117 天左右。幼茎绿色，株高约 88 cm，主茎分枝 2~3 个，叶卵圆形，叶片大小中等，花黄色，单株荚数约 42 个。幼荚绿色，成熟荚呈黄白色，镰刀形，荚长 7~9 cm，单荚粒数 6~8 粒，籽粒短圆柱形，种皮红色，种脐白色，百粒重 9.6 g，单株产量约 26.9 g。

# 玉 屏 红 豆

【作物名称】小豆 *Vigna angularis* (Willd.) Ohwi & H. Ohashi

【作物类别】粮食作物

【分　　类】豆科豇豆属

【采集地点】池州市青阳县

【采集编号】2021343623

## 【特征特性】

植株直立型,无限结荚习性,生育日数117天左右。幼茎绿色,株高约100 cm,主茎分枝5~7个,叶卵圆形,叶片较大,花黄色,单株荚数约87个。幼荚绿色,成熟荚呈黄白色,圆筒形,荚长7~9 cm,单荚粒数8~9粒,籽粒短圆柱形,种皮红色,种脐白色,百粒重13.6 g,单株产量约49.5 g。

# 仙寓小红豆

【作物名称】小豆 *Vigna angularis* (Willd.) Ohwi & H. Ohashi
【作物类别】粮食作物
【分　　类】豆科豇豆属
【采集地点】池州市石台县
【采集编号】P341722045

【特征特性】

　　植株半蔓生型，无限结荚习性，生育日数 105 天左右。幼茎绿色，株高约 76 cm，主茎分枝 2~4 个，叶卵圆形，叶片较小，花黄色，单株荚数约 82 个。幼荚绿色，成熟荚呈黄白色，圆筒形，荚长 7~9 cm，单荚粒数 8~10 粒，籽粒球形，种皮红色，种脐白色，百粒重 6.3 g，单株产量约 31.5 g。

# 半 塔 红 豆

【作物名称】小豆 *Vigna angularis* (Willd.) Ohwi & H. Ohashi
【作物类别】粮食作物
【分　　类】豆科豇豆属
【采集地点】滁州市来安县
【采集编号】2021348046

【特征特性】

　　植株半蔓生型，无限结荚习性，生育日数111天左右。幼茎绿色，株高约76 cm，主茎分枝3~4个，叶心脏形，叶片大小中等，花黄色，单株荚数约72个。幼荚绿色，成熟荚呈黄白色，弓形，荚长9~11 cm，单荚粒数7~9粒，籽粒长圆柱形，种皮红色，种脐白色，百粒重22.0 g，单株产量约69.4 g。

# 白 云 红 豆

【作物名称】小豆 *Vigna angularis* (Willd.) Ohwi & H. Ohashi
【作物类别】粮食作物
【分　　类】豆科豇豆属
【采集地点】滁州市来安县
【采集编号】2021348054

【特征特性】

　　植株直立型，无限结荚习性，生育日数 123 天左右。幼茎绿色，株高约 102 cm，主茎分枝 2~4 个，叶卵圆形，叶片较大，花黄色，单株荚数约 33 个。幼荚绿色，成熟荚呈黄白色，镰刀形，荚长 9~11 cm，单荚粒数 9~11 粒，籽粒短圆柱形，种皮褐色，种脐白色，百粒重 11.3 g，单株产量约 27.5 g。

# 西 徐 红 小 豆

【作物名称】小豆 *Vigna angularis* (Willd.) Ohwi & H. Ohashi

【作物类别】粮食作物

【分　　类】豆科豇豆属

【采集地点】滁州市明光市

【采集编号】2020344092

## 【特征特性】

植株直立型，无限结荚习性，生育日数 121 天左右。幼茎绿色，株高约 89 cm，主茎分枝 4~5 个，叶卵圆形，叶片大小中等，花黄色，单株荚数约 47 个。幼荚绿色，成熟荚呈黄白色，镰刀形，荚长 9~11 cm，单荚粒数 8~10 粒，籽粒球形，种皮红色，种脐白色，百粒重 16.8 g，单株产量约 37.4 g。

# 三 关 红 豆

【作物名称】小豆 *Vigna angularis* (Willd.) Ohwi
             & H. Ohashi
【作物类别】粮食作物
【分　　类】豆科豇豆属
【采集地点】滁州市明光市
【采集编号】2020344127

【特征特性】

　　植株半蔓生型，无限结荚习性，生育日数 123 天左右。幼茎绿色，株高约 103 cm，主茎分枝 3~4 个，叶心脏形，叶片大小中等，花黄色，单株荚数约 39 个。幼荚绿色，成熟荚呈黄白色，镰刀形，荚长 10~12 cm，单荚粒数 8~10 粒，籽粒短圆柱形，种皮红色或褐色，种脐白色，百粒重 14.3 g，单株产量约 24.3 g。

# 管店红小豆

【作物名称】小豆 *Vigna angularis* (Willd.) Ohwi & H. Ohashi
【作物类别】粮食作物
【分　　类】豆科豇豆属
【采集地点】滁州市明光市
【采集编号】2020344162

## 【特征特性】

植株直立型，无限结荚习性，生育日数105天左右。幼茎绿色，株高约85 cm，主茎分枝4~6个，叶卵圆形，叶片大小中等，花黄色，单株荚数约55个。幼荚绿色，成熟荚呈黄白色，镰刀形，荚长7~9 cm，单荚粒数7~9粒，籽粒球形，种皮红色或褐色，种脐白色，百粒重8.2 g，单株产量约26.8 g。

# 洪 河 红 小 豆

【作物名称】小豆 *Vigna angularis* (Willd.) Ohwi
              & H. Ohashi
【作物类别】粮食作物
【分     类】豆科豇豆属
【采集地点】阜阳市阜南县
【采集编号】P341225009

【特征特性】

    植株直立型，无限结荚习性，生育日数 126 天左右。幼茎绿色，株高约 70 cm，主茎分枝 3~5 个，叶卵圆形，叶片大小中等，花黄色，单株荚数约 34 个。幼荚绿色，成熟荚呈黄白色，弓形，荚长 8~10 cm，单荚粒数 8~10 粒，籽粒短圆柱形，种皮褐色，种脐白色，百粒重 13.4 g，单株产量约 20.5 g。

# 响导红小豆

【作物名称】小豆 *Vigna angularis* (Willd.) Ohwi & H. Ohashi
【作物类别】粮食作物
【分　　类】豆科豇豆属
【采集地点】合肥市肥东县
【采集编号】P340122032

## 【特征特性】

植株直立型，无限结荚习性，生育日数 115 天左右。幼茎绿色，株高约 69 cm，主茎分枝 3~5 个，叶卵圆形，叶片大小中等，花黄色，单株荚数约 35 个。幼荚绿色，成熟荚呈黄白色，弓形，荚长 8~10 cm，单荚粒数 8~10 粒，籽粒短圆柱形或球形，种皮红色，种脐白色，百粒重 13.2 g，单株产量约 25.4 g。

# 柯坦红小豆

【作物名称】小豆 *Vigna angularis* (Willd.) Ohwi
                 & H. Ohashi
【作物类别】粮食作物
【分　　类】豆科豇豆属
【采集地点】合肥市庐江县
【采集编号】2021346068

【特征特性】

    植株直立型，无限结荚习性，生育日数113天左右。幼茎绿色，株高约87 cm，主茎分枝2~4个，叶卵圆形，叶片较小，花黄色，单株荚数约69个。幼荚绿色，成熟荚呈黄白色，镰刀形，荚长8~10 cm，单荚粒数8~10粒，籽粒短圆柱形，种皮红色，种脐白色，百粒重8.2 g，单株产量约25.8 g。

# 罗河红豆

【作物名称】小豆 *Vigna angularis* (Willd.) Ohwi & H. Ohashi
【作物类别】粮食作物
【分　　类】豆科豇豆属
【采集地点】合肥市庐江县
【采集编号】2021346162

## 【特征特性】

植株直立型，无限结荚习性，生育日数 113 天左右。幼茎绿色，株高约 76 cm，主茎分枝 4~6 个，叶心脏形，叶片大小中等，花黄色，单株荚数约 83 个。幼荚绿色，成熟荚呈黄白色，镰刀形，荚长 8~10 cm，单荚粒数 8~10 粒，籽粒短圆柱形，种皮褐色，种脐白色，百粒重 15.6 g，单株产量约 60.5 g。

# 白湖大红豆

【作物名称】小豆 *Vigna angularis* (Willd.) Ohwi & H. Ohashi
【作物类别】粮食作物
【分　　类】豆科豇豆属
【采集地点】合肥市庐江县
【采集编号】P340124045

【特征特性】

　　植株半蔓生型，无限结荚习性，生育日数115天左右。幼茎绿色，株高约74 cm，主茎分枝3~5个，叶心脏形，叶片大小中等，花黄色，单株荚数约42个。幼荚绿色，成熟荚呈黄白色，镰刀形，荚长11~13 cm，单荚粒数8~10粒，籽粒长圆柱形，种皮红色或褐色，种脐白色，百粒重16.8 g，单株产量约43.1 g。

# 朔里红豆

【作物名称】小豆 *Vigna angularis* (Willd.) Ohwi & H. Ohashi

【作物类别】粮食作物

【分　　类】豆科豇豆属

【采集地点】淮北市杜集区

【采集编号】P340602025

## 【特征特性】

植株直立型，无限结荚习性，生育日数 107 天左右。幼茎绿色，株高约 72 cm，主茎分枝 2~4 个，叶心脏形，叶片大小中等，花黄色，单株荚数约 45 个。幼荚绿色，成熟荚呈黄白色，圆筒形，荚长 8~10 cm，单荚粒数 7~9 粒，籽粒长圆柱形，种皮红色，种脐白色，百粒重 15.6 g，单株产量约 34.5 g。

# 焦 村 红 豆

【作物名称】小豆 *Vigna angularis* (Willd.) Ohwi
　　　　　　& H. Ohashi
【作物类别】粮食作物
【分　　类】豆科豇豆属
【采集地点】黄山市黄山区
【采集编号】P341003001

【特征特性】

　　植株直立型，无限结荚习性，生育日数 105 天左右。幼茎绿色，株高约 80 cm，主茎分枝 2~4 个，叶卵圆形，叶片大小中等，花黄色，单株荚数约 42 个。幼荚绿色，成熟荚呈黄白色，弓形，荚长 7~9 cm，单荚粒数 8~10 粒，籽粒短圆柱形，种皮红色，种脐白色，百粒重 11.5 g，单株产量约 28.5 g。

# 杨 村 红 豆

【作物名称】小豆 *Vigna angularis* (Willd.) Ohwi & H. Ohashi

【作物类别】粮食作物

【分　　类】豆科豇豆属

【采集地点】黄山市徽州区

【采集编号】P341004011

## 【特征特性】

　　植株半蔓生型，无限结荚习性，生育日数 112 天左右。幼茎绿色，株高约 81 cm，主茎分枝 3~4 个，叶卵圆形，叶片大小中等，花黄色，单株荚数约 143 个。幼荚绿色，成熟荚呈黄白色，镰刀形，荚长 7~9 cm，单荚粒数 7~9 粒，籽粒球形，种皮红色，种脐白色，百粒重 8.3 g，单株产量约 68.7 g。

# 凫峰红豆

【作物名称】小豆 *Vigna angularis* (Willd.) Ohwi
                & H. Ohashi
【作物类别】粮食作物
【分　　类】豆科豇豆属
【采集地点】黄山市祁门县
【采集编号】P342726027

【特征特性】

　　植株直立型，无限结荚习性，生育日数 117 天左右。幼茎绿色，株高约 83 cm，主茎分枝 2~3 个，叶卵圆形，叶片大小中等，花黄色，单株荚数约 44 个。幼荚绿色，成熟荚呈黄白色，镰刀形，荚长 8~10 cm，单荚粒数 10~12 粒，籽粒短圆柱形，种皮红色，种脐白色，百粒重 9.7 g，单株产量约 22.2 g。

# 桂 林 红 豆

【作物名称】小豆 *Vigna angularis* (Willd.) Ohwi
　　　　　　& H. Ohashi
【作物类别】粮食作物
【分　　类】豆科豇豆属
【采集地点】黄山市歙县
【采集编号】P341021012

## 【特征特性】

　　植株直立型，无限结荚习性，生育日数 117 天左右。幼茎绿色，株高约 64 cm，主茎分枝 2~3 个，叶心脏形，叶片大小中等，花黄色，单株荚数约 48 个。幼荚绿色，成熟荚呈黄白色，弓形，荚长 8~10 cm，单荚粒数 7~9 粒，籽粒短圆柱形，种皮红色，种脐白色，百粒重 16.3 g，单株产量约 53.2 g。

# 箬 岭 土 红 豆

【作物名称】小豆 *Vigna angularis* (Willd.) Ohwi
               & H. Ohashi
【作物类别】粮食作物
【分      类】豆科豇豆属
【采集地点】黄山市歙县
【采集编号】P341021098

【特征特性】

植株半蔓生型,无限结荚习性,生育日数 115 天左右。幼茎绿色,株高约 72 cm,主茎分枝 4~5 个,叶卵圆形,叶片大小中等,花黄色,单株荚数约 62 个。幼荚绿色,成熟荚呈黄白色,镰刀形,荚长 8~10 cm,单荚粒数 8~10 粒,籽粒球形,种皮褐色,种脐白色,百粒重 10.0 g,单株产量约 42.0 g。

# 里 庄 红 豆

【作物名称】小豆 *Vigna angularis* (Willd.) Ohwi & H. Ohashi
【作物类别】粮食作物
【分　　类】豆科豇豆属
【采集地点】黄山市休宁县
【采集编号】2021347049

## 【特征特性】

　　植株半蔓生型，无限结荚习性，生育日数 123 天左右。幼茎绿色，株高约 70 cm，主茎分枝 3~5 个，叶卵圆形，叶片大小中等，花黄色，单株荚数约 52 个。幼荚绿色，成熟荚呈黄白色，镰刀形，荚长 7~9 cm，单荚粒数 8~10 粒，籽粒短圆柱形，种皮红色，种脐白色，百粒重 7.6 g，单株产量约 23.6 g。

# 流口红豆

【作物名称】小豆 *Vigna angularis* (Willd.) Ohwi
　　　　　　 & H. Ohashi
【作物类别】粮食作物
【分　　类】豆科豇豆属
【采集地点】黄山市休宁县
【采集编号】P341022051

【特征特性】

　　植株直立型，无限结荚习性，生育日数 117 天左右。幼茎绿色，株高约 73 cm，主茎分枝 4~6 个，叶卵圆形，叶片大小中等，花黄色，单株荚数约 53 个。幼荚绿色，成熟荚呈黄白色，镰刀形，荚长 8~10 cm，单荚粒数 9~10 粒，籽粒短圆柱形，种皮红色，种脐白色，百粒重 11.5 g，单株产量约 35.8 g。

# 白 际 红 豆

【作物名称】小豆 *Vigna angularis* (Willd.) Ohwi & H. Ohashi

【作物类别】粮食作物

【分　　类】豆科豇豆属

【采集地点】黄山市休宁县

【采集编号】P341022053

【特征特性】

　　植株直立型，无限结荚习性，生育日数115天左右。幼茎绿色，株高约76 cm，主茎分枝2~3个，叶心脏形，叶片较大，花黄色，单株荚数约19个。幼荚绿色，成熟荚呈黄白色，镰刀形，荚长9~10 cm，单荚粒数8~9粒，籽粒长圆柱形，种皮红色，种脐白色，百粒重17.0 g，单株产量约23.7 g。

# 柯 村 红 小 豆

【作物名称】小豆 *Vigna angularis* (Willd.) Ohwi
                & H. Ohashi
【作物类别】粮食作物
【分　　类】豆科豇豆属
【采集地点】黄山市黟县
【采集编号】P341023003

【特征特性】

    植株直立型，无限结荚习性，生育日数 113 天左右。幼茎绿色，株高约 72 cm，主茎分枝 2~3 个，叶心脏形，叶片大小中等，花黄色，单株荚数约 59 个。幼荚绿色，成熟荚呈黄白色，镰刀形，荚长 5~7 cm，单荚粒数 6~8 粒，籽粒球形，种皮红色，种脐白色，百粒重 9.1 g，单株产量约 25.5 g。

# 铁 米 豆

【作物名称】小豆 *Vigna angularis* (Willd.) Ohwi & H. Ohashi

【作物类别】粮食作物

【分　　类】豆科豇豆属

【采集地点】六安市霍山县

【采集编号】P341525012

## 【特征特性】

　　植株直立型,无限结荚习性,生育日数117天左右。幼茎绿色,株高约112 cm,主茎分枝4~5个,叶心脏形,叶片偏小,花黄色,单株荚数约36个。幼荚绿色,成熟荚呈黄白色,镰刀形,荚长8~10 cm,单荚粒数7~9粒,籽粒长圆柱形,种皮花纹色,种脐白色,百粒重8.2 g,单株产量约14.9 g。

# 上土市红米豆

【作物名称】小豆 *Vigna angularis* (Willd.) Ohwi & H. Ohashi

【作物类别】粮食作物

【分　　类】豆科豇豆属

【采集地点】六安市霍山县

【采集编号】P341525017

【特征特性】

　　植株半蔓生型，无限结荚习性，生育日数 117 天左右。幼茎绿色，株高约 89 cm，主茎分枝 2~3 个，叶卵圆形，叶片大小中等，花黄色，单株荚数约 50 个。幼荚绿色，成熟荚呈黄白色，镰刀形，荚长 7~9 cm，单荚粒数 9~11 粒，籽粒短圆柱形，种皮红色，种脐白色，百粒重 9.4 g，单株产量约 33.3 g。

# 后畈红豆

【作物名称】小豆 *Vigna angularis* (Willd.) Ohwi & H. Ohashi

【作物类别】粮食作物

【分　　类】豆科豇豆属

【采集地点】六安市金寨县

【采集编号】2021344064

## 【特征特性】

植株半蔓生型，无限结荚习性，生育日数 115 天左右。幼茎绿色，株高约 83 cm，主茎分枝 3~5 个，叶卵圆形，叶片大小中等，花黄色，单株荚数约 44 个。幼荚绿色，成熟荚呈黄白色，弓形，荚长 8~10 cm，单荚粒数 7~9 粒，籽粒短圆柱形，种皮红色，种脐白色，百粒重 15.5 g，单株产量约 31.7 g。

# 杨 山 红 米 豆

【作物名称】小豆 *Vigna angularis* (Willd.) Ohwi & H. Ohashi
【作物类别】粮食作物
【分　　类】豆科豇豆属
【采集地点】六安市金寨县
【采集编号】P341524018

【特征特性】

　　植株直立型，无限结荚习性，生育日数 113 天左右。幼茎绿色，株高约 60 cm，主茎分枝 2~4 个，叶心脏形，叶片较小，花黄色，单株荚数约 47 个。幼荚绿色，成熟荚呈黄白色，弓形，荚长 7~9 cm，单荚粒数 8~10 粒，籽粒长圆柱形，种皮红色，种脐白色，百粒重 16.0 g，单株产量约 32.7 g。

# 庐镇赤小豆

【作物名称】小豆 *Vigna angularis* (Willd.) Ohwi & H. Ohashi

【作物类别】粮食作物

【分　　类】豆科豇豆属

【采集地点】六安市舒城县

【采集编号】P341523053

【特征特性】

　　植株直立型，无限结荚习性，生育日数 105 天左右。幼茎绿色，株高约 75 cm，主茎分枝 2~4 个，叶卵圆形，叶片较小，花黄色，单株荚数约 69 个。幼荚绿色，成熟荚呈黄白色，镰刀形，荚长 7~9 cm，单荚粒数 8~10 粒，籽粒短圆柱形，种皮红色，种脐白色，百粒重 11.5 g，单株产量约 52.8 g。

# 新市红小豆

【作物名称】小豆 *Vigna angularis* (Willd.) Ohwi
　　　　　& H. Ohashi
【作物类别】粮食作物
【分　　类】豆科豇豆属
【采集地点】马鞍山市博望区
【采集编号】P340506009

【特征特性】

　　植株直立型，无限结荚习性，生育日数89天左右。幼茎绿色，株高约59 cm，主茎分枝2~4个，叶心脏形，叶片较大，花黄色，单株荚数约29个。幼荚绿色，成熟荚呈黄白色，圆筒形，荚长9~11 cm，单荚粒数7~9粒，籽粒长圆柱形，种皮褐色，种脐白色，百粒重17.4 g，单株产量约16.6 g。

# 唐寨红小豆

【作物名称】小豆 *Vigna angularis* (Willd.) Ohwi & H. Ohashi

【作物类别】粮食作物

【分　　类】豆科豇豆属

【采集地点】宿州市砀山县

【采集编号】P341321016

## 【特征特性】

植株直立型，无限结荚习性，生育日数 119 天左右。幼茎绿色，株高约 64 cm，主茎分枝 3~4 个，叶心脏形，叶片大小中等，花黄色，单株荚数约 76 个。幼荚绿色，成熟荚呈黄白色，圆筒形，荚长 8~10 cm，单荚粒数 8~10 粒，籽粒长圆柱形，种皮红色，种脐白色，百粒重 13.8 g，单株产量约 42.1 g。

# 大庄红小豆

【作物名称】小豆 *Vigna angularis* (Willd.) Ohwi & H. Ohashi
【作物类别】粮食作物
【分　　类】豆科豇豆属
【采集地点】宿州市泗县
【采集编号】P341324088

【特征特性】

　　植株直立型，无限结荚习性，生育日数 115 天左右。幼茎绿色，株高约 48 cm，主茎分枝 3~4 个，叶卵圆形，叶片大小中等，花黄色，单株荚数约 84 个。幼荚绿色，成熟荚呈黄白色，圆筒形，荚长 6~8 cm，单荚粒数 7~9 粒，籽粒长圆柱形，种皮褐色，种脐白色，百粒重 11.0 g，单株产量约 55.5 g。

# 许 镇 赤 豆

【作物名称】小豆 *Vigna angularis* (Willd.) Ohwi
              & H. Ohashi
【作物类别】粮食作物
【分　　类】豆科豇豆属
【采集地点】芜湖市南陵县
【采集编号】2020341095

【特征特性】

　　植株直立型，无限结荚习性，生育日数 115 天左右。幼茎绿色，株高约 81 cm，主茎分枝 2~3 个，叶卵圆形，叶片大小中等，花黄色，单株荚数约 33 个。幼荚绿色，成熟荚呈黄白色，镰刀形，荚长 8~10 cm，单荚粒数 7~9 粒，籽粒短圆柱形，种皮红色，种脐白色，百粒重 16.2 g，单株产量约 26.1 g。

# 工 山 红 小 豆

【作物名称】小豆 *Vigna angularis* (Willd.) Ohwi
　　　　　　& H. Ohashi
【作物类别】粮食作物
【分　　类】豆科豇豆属
【采集地点】芜湖市南陵县
【采集编号】P340223528

【特征特性】

　　植株直立型，无限结荚习性，生育日数 111 天左右。幼茎绿色，株高约 92 cm，主茎分枝 3~5 个，叶心脏形，叶片大小中等，花黄色，单株荚数约 60 个。幼荚绿色，成熟荚呈黄白色，镰刀形，荚长 9~11 cm，单荚粒数 9~10 粒，籽粒短圆柱形，种皮红色，种脐白色，百粒重 13.0 g，单株产量约 41.0 g。

# 龙 湖 红 豆

【作物名称】小豆 *Vigna angularis* (Willd.) Ohwi & H. Ohashi
【作物类别】粮食作物
【分　　类】豆科豇豆属
【采集地点】芜湖市三山区
【采集编号】P340208024

## 【特征特性】

植株直立型，无限结荚习性，生育日数 111 天左右。幼茎绿色，株高约 55 cm，主茎分枝 2~4 个，叶心脏形，叶片大小中等，花黄色，单株荚数约 29 个。幼荚绿色，成熟荚呈黄白色，圆筒形，荚长 7~9 cm，单荚粒数 5~7 粒，籽粒短圆柱形，种皮红色，种脐白色，百粒重 17.2 g，单株产量约 23.0 g。

# 六 郎 红 豆

【作物名称】小豆 *Vigna angularis* (Willd.) Ohwi & H. Ohashi

【作物类别】粮食作物

【分　　类】豆科豇豆属

【采集地点】芜湖市湾沚区

【采集编号】P340221014

【特征特性】

植株半蔓生型，无限结荚习性，生育日数115天左右。幼茎绿色，株高约78 cm，主茎分枝2~4个，叶卵圆形，叶片大小中等，花黄色，单株荚数约40个。幼荚绿色，成熟荚呈黄白色，镰刀形，荚长8~10 cm，单荚粒数5~7粒，籽粒长圆柱形，种皮红色，种脐白色，百粒重15.3 g，单株产量约29.7 g。

# 柏 垫 红 豆

【作物名称】小豆 *Vigna angularis* (Willd.) Ohwi
　　　　　& H. Ohashi
【作物类别】粮食作物
【分　　类】豆科豇豆属
【采集地点】宣城市广德市
【采集编号】P341882003

【特征特性】

　　植株直立型，无限结荚习性，生育日数 117 天左右。幼茎绿色，株高约 82 cm，主茎分枝 2~4 个，叶卵圆形，叶片大小中等，花黄色，单株荚数约 21 个。幼荚绿色，成熟荚呈黄白色，镰刀形，荚长 8~10 cm，单荚粒数 9~10 粒，籽粒短圆柱形，种皮红色，种脐白色，百粒重 14.2 g，单株产量约 15.5 g。

# 泾 川 红 豆

【作物名称】小豆 *Vigna angularis* (Willd.) Ohwi
     & H. Ohashi
【作物类别】粮食作物
【分  类】豆科豇豆属
【采集地点】宣城市泾县
【采集编号】2021341538

【特征特性】

  植株直立型，无限结荚习性，生育日数68天左右。幼茎绿色，株高约37 cm，主茎分枝3~4个，叶心脏形，叶片偏小，花黄色，单株荚数约47个。幼荚绿色，成熟荚呈黄白色，圆筒形，荚长8~10 cm，单荚粒数7~9粒，籽粒球形，种皮红色，种脐白色，百粒重11.3 g，单株产量约33.4 g。

# 俞村红豆

【作物名称】小豆 *Vigna angularis* (Willd.) Ohwi & H. Ohashi

【作物类别】粮食作物

【分　　类】豆科豇豆属

【采集地点】宣城市旌德县

【采集编号】P341825044

## 【特征特性】

植株直立型，无限结荚习性，生育日数 113 天左右。幼茎绿色，株高约 67 cm，主茎分枝 1~3 个，叶心脏形，叶片大小中等，花黄色，单株荚数约 30 个。幼荚绿色，成熟荚呈黄白色，圆筒形，荚长 9~11 cm，单荚粒数 8~10 粒，籽粒球形，种皮红色，种脐白色，百粒重 10.1 g，单株产量约 22.5 g。

# 蟠龙小红豆

【作物名称】小豆 *Vigna angularis* (Willd.) Ohwi
　　　　　& H. Ohashi
【作物类别】粮食作物
【分　　类】豆科豇豆属
【采集地点】宣城市宁国市
【采集编号】2021345005

## 【特征特性】

　　植株直立型，无限结荚习性，生育日数113天左右。幼茎绿色，株高约72 cm，主茎分枝4~5个，叶心脏形，叶片偏大，花黄色，单株荚数约74个。幼荚绿色，成熟荚呈黄白色，弓形，荚长9~11 cm，单荚粒数8~10粒，籽粒球形，种皮红色，种脐白色，百粒重16.1 g，单株产量约49.5 g。

# 云梯小红豆

【作物名称】小豆 *Vigna angularis* (Willd.) Ohwi & H. Ohashi
【作物类别】粮食作物
【分　　类】豆科豇豆属
【采集地点】宣城市宁国市
【采集编号】2021345057

## 【特征特性】

植株直立型, 无限结荚习性, 生育日数 121 天左右。幼茎绿色, 株高约 85 cm, 主茎分枝 4~5 个, 叶心脏形, 叶片偏大, 花黄色, 单株荚数约 62 个。幼荚绿色, 成熟荚呈黄白色, 镰刀形, 荚长 8~10 cm, 单荚粒数 6~8 粒, 籽粒长圆柱形, 种皮红色, 种脐白色, 百粒重 14.5 g, 单株产量约 38.7 g。

# 胡乐小红豆

【作物名称】小豆 *Vigna angularis* (Willd.) Ohwi
              & H. Ohashi
【作物类别】粮食作物
【分　　类】豆科豇豆属
【采集地点】宣城市宁国市
【采集编号】2021345255

【特征特性】

植株半蔓生型，无限结荚习性，生育日数 123 天左右。幼茎绿色，株高约 82 cm，主茎分枝 3~5 个，叶心脏形，叶片大小中等，花黄色，单株荚数约 102 个。幼荚绿色，成熟荚呈黄白色，镰刀形，荚长 9~11 cm，单荚粒数 10~12 粒，籽粒短圆柱形，种皮红色，种脐白色，百粒重 11.8 g，单株产量约 66.8 g。

# 宁墩小红豆

【作物名称】小豆 *Vigna angularis* (Willd.) Ohwi & H. Ohashi

【作物类别】粮食作物

【分　　类】豆科豇豆属

【采集地点】宣城市宁国市

【采集编号】2021345310

## 【特征特性】

　　植株半蔓生型，无限结荚习性，生育日数 80 天左右。幼茎绿色，株高约 120 cm，主茎分枝 3~5 个，叶卵圆形，叶片大小中等，花黄色，单株荚数约 118 个。幼荚绿色，成熟荚呈黄白色，镰刀形，荚长 8~10 cm，单荚粒数 8~10 粒，籽粒长圆柱形，种皮红色，种脐白色，百粒重 14.8 g，单株产量约 74.5 g。